中等职业教育智能制造类专业系列教材

工业机器人操作与编程

GONGYE JIQIREN CAOZUO YU BIANCHENG

主　编◎王鸿君　袁玉奎
副主编◎向　军　何政委　母　松
参　编◎罗　桥　李正波　张　娟　赵晓梅
杨　波　程绪德　陈凤均　程　彬
屈　琼　邹　浩

重庆大学出版社

图书在版编目(CIP)数据

工业机器人操作与编程 / 王鸿君，袁玉奎主编. 重庆：重庆大学出版社，2024.11. --(中等职业教育智能制造类专业系列教材). -- ISBN 978-7-5689-2556-3

Ⅰ. TP242.2

中国国家版本馆 CIP 数据核字第 20243D0E82 号

工业机器人操作与编程

主　编　王鸿君　袁玉奎

策划编辑：章　可

责任编辑：杨育彪　　版式设计：章　可

责任校对：邹　忌　　责任印制：赵　晟

*

重庆大学出版社出版发行

出版人：陈晓阳

社址：重庆市沙坪坝区大学城西路 21 号

邮编：401331

电话：(023)88617190　88617185(中小学)

传真：(023)88617186　88617166

网址：http://www.cqup.com.cn

邮箱：fxk@cqup.com.cn (营销中心)

全国新华书店经销

POD：重庆新生代彩印技术有限公司印刷

*

开本：787mm×1092mm　1/16　印张：5.25　字数：123 千

2024 年 11 月第 1 版　　2024 年 11 月第 1 次印刷

ISBN 978-7-5689-2556-3　定价：20.00 元

前言

QIANYAN

近年来，工业机器人已然成为机器人领域的排头兵，在各行各业应用广泛，越来越多的企业建立了智能化工厂，中国也已成为全球最大的工业机器人市场。为保障生产高效率、低成本，大多数情况下，企业通过对工业机器人进行程序编辑、调试等操作来控制机器人本体以完成相应的工作。

本书以华中数控工业机器人为教学平台，对工业机器人的涂胶、搬运、码垛项目进行了详细的分析和讲解，并通过知识拓展介绍相应项目在企业中的应用。

为了加强职业技能培训，《国务院关于推行终身职业技能培训制度的意见》(国发〔2018〕11号)、《国务院办公厅关于印发职业技能提升行动方案(2019—2021年)的通知》(国办发〔2019〕24号)提出，要深化职业技能培训体制机制改革，推进职业技能培训与评价有机衔接，建立技能人才多元评价机制，完善技能人才职业资格评价、职业技能等级认定、专项职业能力考核等多元化评价方式。

专项职业能力是可就业的最小技能单位，劳动者经过培训掌握了专项能力后，意味着可以胜任相应岗位的工作。专项职业能力考核是对劳动者是否掌握专项职业能力所做出的客观评价，通过考核的人员可获得专项职业能力证书。

本书适合作为专项职业能力考核培训教材，突出了适应职业技能培训的特色，不但有助于读者通过考核，而且有助于读者真正掌握职业所需的知识与技能。

教材编写是一项探索性工作，不足之处在所难免，欢迎广大读者对本书提出宝贵意见和建议，以便本书修订时补充更正。

编　者

2024年5月

目 录
MULU

项目一　认识工业机器人

▶项目描述

本项目主要描述工业机器人的定义、发展与基本组成。

▶学习目标

知识目标

掌握工业机器人的定义；

掌握华中数控工业机器人的组成与系统结构。

技能目标

能说出工业机器人的基本组成；

能说出各型号华中数控工业机器人的特点。

任务一　工业机器人概述

▶任务描述

本任务主要介绍工业机器人的定义与工业机器人的三个定律，并知道工业机器人的发展历史。

▶相关知识

一、工业机器人的三个定律

“机器人三定律”最初是由科幻作家艾萨克·阿西莫夫在其短篇小说中提出的，这三个定律被用来规范机器人在阿西莫夫小说中的行为。虽然这些定律最初只是虚构的，但是它们对于现代机器人技术和人工智能的发展仍然有很大的意义。

(1)第一定律：机器人不得伤害人类，也不得因不作为而使人类受到伤害。

第一定律强调了机器人不应该对人类造成伤害，这是机器人的首要责任。在现实世界中，这个定律被广泛用于指导机器人在执行任务时避免对人类造成伤害。例如，在医疗行业中，机器人必须在执行手术时确保不会伤害患者。在军事领域中，机器人必须遵循该定律以确保不会伤害无辜的平民。

(2)第二定律：机器人必须服从人类的命令，但不能违背第一定律。

第二定律强调了机器人需要服从人类的命令，但这些命令不得违背第一定律。这个定律在现实世界中被广泛用于指导机器人在执行任务时遵循人类的指令。例如，在工业生产中，机器人必须遵循人类的指令以确保生产流程的顺利进行。但是，如果人类的指令会导致机器人对人类造成伤害，机器人必须拒绝执行这些指令。

(3)第三定律:机器人必须保护自己的存在,但不能违背第一定律和第二定律。

第三定律强调了机器人需要保护自己的存在,但这不能违背第一定律和第二定律。在现实世界中,这个定律被广泛用于指导机器人在执行任务时保护自身,以及确保不会对人类造成伤害。例如,在灾难现场,机器人必须保护自身以确保其能够继续执行任务,但不能违背第一定律和第二定律。

这些定律被广泛用于指导机器人、自动驾驶车辆、无人机等自动化系统的行为,以确保这些系统不会对人类造成伤害或危险。此外,这些定律也可作为现代人工智能技术的参考框架之一,以指导人工智能技术的开发和使用。

虽然这些定律可以为人们提供一些指导和思考,但它们并不能解决与机器人有关的所有伦理和安全问题。现代人工智能技术的发展和应用涉及诸多复杂的伦理、社会、法律等方面的问题,需要广泛的社会参与和深入的讨论。因此,人们需要不断地探索新的伦理框架和原则来指导人工智能技术的开发和使用,以确保其能够对人类和社会产生积极的影响。

二、工业机器人的定义与发展

1.定义

工业机器人是一种可重复编程的多功能操作手,用以搬运材料、零件、工具;或者是一种为了完成不同操作任务,可以有多种程序流程的专门系统。

工业机器人具有以下三个重要特性。

①它是一种机械装置,可以搬运材料、零件、工具或者完成多种操作和动作功能,即具有通用性。

②它是可以再编程的,具有多种多样的程序流程,这为人-机联系提供了可能,也使之具有独立的柔软性。

③它有一个自动控制系统,可以在无人参与下,自动地完成操作作业和各种动作。

2.发展

工业机器人的发展通常可划分为三代。

第一代工业机器人:通常指目前国际上商品化与实用化的“可编程工业机器人”,又称“示教再现工业机器人”。

第二代工业机器人:通常指具有某种智能(如触觉、力觉、视觉等)功能的“智能机器人”。

第三代工业机器人:所谓的“自治式工业机器人”。

▶任务实施

华中数控工业机器人具有众多系列。

1.HSR-JR603 系列工业机器人

如图 1-1 所示,华中数控 HSR-JR603 系列工业机器人采用高性能控制系统和伺服驱动系统,具有运动速度快、高重复定位精度及高轨迹跟踪精度等优点,其参数见表 1-1。该工业机器人性能达到国内外同级别中上水平,重复定位精度达到±0.02 mm,并且在该性能基础上还具有较高性价比。该产品整机性能突出，系统拓展简便，实现附加视觉、力反馈等模块化，满足3C行业各类工况需求，整机动态响应快，同时兼顾体积小、质量轻，运输、安装方便，运行速度快，运行最大速度达到国内外同系列产品上级水平。

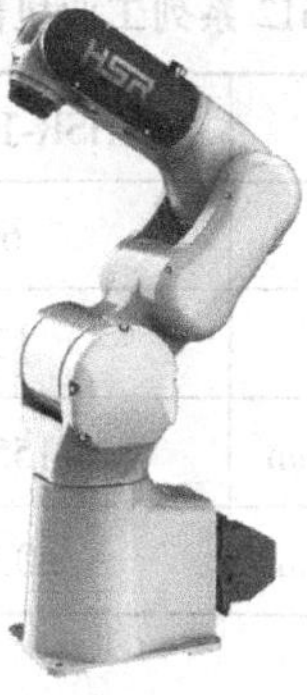

图1-1　HSR-JR603系列工业机器人

表1-1　HSR-JR603系列工业机器人参数

系列	HSR-JR603
自由度	6
额定负载/kg	3
最大工作半径/mm	571.5
重复定位精度/mm	±0.02

2.HSR-JR605系列工业机器人

如图1-2所示，HSR-JR605系列工业机器人是华中数控小型多用途机器人，其具有结构紧凑、体积小、质量轻、关节速度快、动态响应迅速、投资低、产出高、满足快速拾放、具有极大的灵活性等优点。在保持六轴机器人的通用性情况下其结构紧凑，重复定位精度高，响应快。该六轴机器人可高效完成上下料、分拣、装配、打磨以及其他加工应用的工作任务。产品特点如下所示。

①运转速度快。一个动作循环在8 s以内。

②重复定位精度高。重复定位精度达到±0.02 mm，可适用于高精度作业。

③成本低廉。核心零部件自主生产，有效控制成本。

④轻量化。整机质量控制在55 kg以内，搬运安装方便。

⑤小型化。占地空间小，适合于空间狭小的场合。

图1-2　HSR-JR605系列工业机器人

表1-2　HSR-JR605系列工业机器人参数

系列	HSR-JR605	HSR-JR605L
自由度	6	6
额定负载/kg	5	5
最大工作半径/mm	746	854
重复定位精度/mm	±0.02	±0.03

3.HSR-JR612系列工业机器人

如图1-3所示，华中数控HSR-JR612系列工业机器人是一款高性能的关节机器人，其依托华中数控多年伺服控制的技术积累，使用自主研发的控制技术及高性能伺服电机，实现同级别机器人中的大臂展及大负载。该工业机器人采用高刚性手臂、先进伺服，运动速度快，重复定位精度高达±0.06 mm、运动半径 1 555 mm，充分适用于打磨、搬运、焊接等行业。HSR-JR612 系列工业机器人参数见表 1-3。

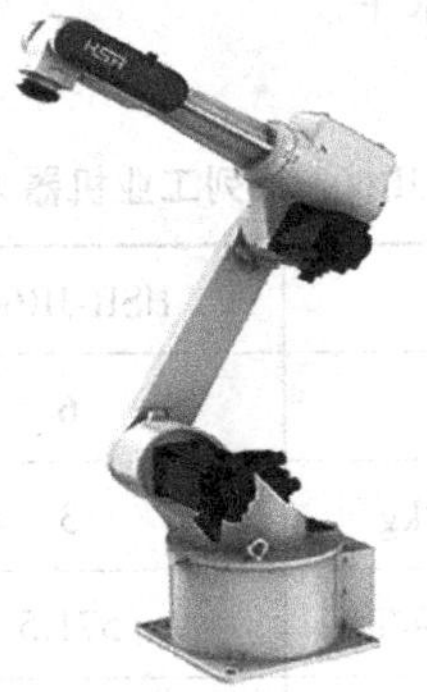

图 1-3　HSR-JR612 系列工业机器人

表 1-3　HSR-JR612 系列工业机器人参数

系列	HSR-JR612
自由度	6
额定负载/kg	12
最大工作半径/mm	1555
重复定位精度/mm	±0.06

4.HSR-SR3400 系列工业机器人

如图 1-4 所示，HSR-SR3400 系列工业机器人体积小、质量轻、精度高，具有多款负载挡位，运动更灵活。

HSR-SR3400 系列工业机器人具有性价比高、寿命长、速度快、集成度高、精度高、平滑性高、刚度高等优点，其参数见表 1-4。

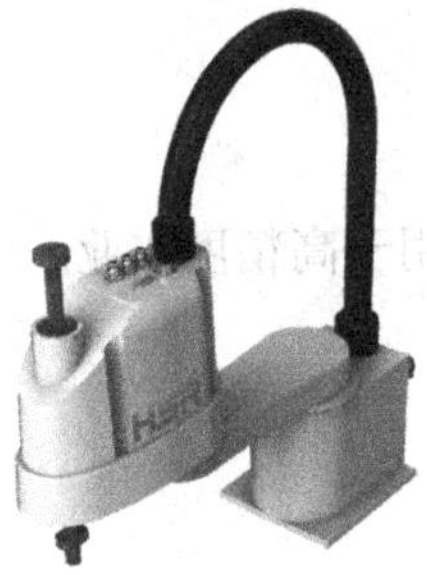

图 1-4　HSR-SR3400 系列工业机器人

表 1-4　HSR-SR3400 系列工业机器人参数

系列	HSR-SR3400
自由度	4
额定负载/kg	1
最大工作半径/mm	400
重复定位精度/mm	±0.01

▶任务评价

<table>
<tr><td>任务名称</td><td colspan="7"></td></tr>
<tr><td>姓名</td><td></td><td>小组成员</td><td colspan="5"></td></tr>
<tr><td>指导教师</td><td></td><td>完成时间</td><td></td><td>完成地点</td><td colspan="3"></td></tr>
<tr><td rowspan="2">评价内容</td><td colspan="3">自我评价</td><td colspan="4">教师评价</td></tr>
<tr><td>掌握</td><td>知道</td><td>再学</td><td>优</td><td>良</td><td>合格</td><td>不合格</td></tr>
<tr><td>工业机器人的“三大定律”</td><td></td><td></td><td></td><td></td><td></td><td></td><td></td></tr>
<tr><td>工业机器人的定义</td><td></td><td></td><td></td><td></td><td></td><td></td><td></td></tr>
<tr><td>华中数控工业机器人的相关参数</td><td></td><td></td><td></td><td></td><td></td><td></td><td></td></tr>
</table>

▶**任务拓展**

工业机器人"四大家族"

工业机器人是用于工业生产环境的机器人总称。自1959年问世以来，经过几十年的发展，工业机器人的结构越来越合理、控制越来越先进、功能越来越强大，逐渐形成了"四大家族"。

1.ABB机器人

ABB公司总部位于瑞士苏黎世，主营业务为电气、工业自动化、运动控制、机器人及离散自动化，以及通用的ABB Ability数字化平台。ABB公司所生产的工业机器人广泛应用于焊接、装配、铸造、密封涂胶、材料处理、包装、喷涂、水切割等领域。

ABB机器人展厅如图1-5所示。

图1-5　ABB机器人展厅

2.发那科(FANUC)机器人

发那科公司成立于1956年，总部位于日本山梨县，主营专业数控系统生产。发那科的工业机器人精度高、工艺控制更加便捷、同类型工业机器人底座尺寸更小、拥有独有的手臂设计、小型化工业机器人优势明显。

发那科机器人总部如图1-6所示。

图1-6　发那科机器人总部

3.安川电机

安川电机成立于1915年，总部位于日本北九州市，以生产关键零部件伺服和运动控制器起家。安川电机主要有机械控制器、变频器以及工业机器人等系列产品。安川电机的核心优势为伺服电机和变频器等运动控制产品龙头，其应用领域为电子、电气、搬运、汽车、半导体等。

安川机器人展厅如图 1-7 所示。

图 1-7　安川机器人展厅

4.库卡(KUKA)机器人

库卡(KUKA)公司总部位于德国巴伐利亚州,库卡的工业机器人应用广泛,用于物料搬运、加工、点焊和弧焊,涉及汽车、自动化、金属加工、食品和塑料等产业。其核心优势为本体材料及工艺创新,应用领域为汽车制造、电子、能源、医疗等。2017 年,库卡迎来了一个小转折,美的以 292 亿元完成了对库卡 94.55%的股份收购。

KUKA 机器人会展现场如图 1-8 所示。

图 1-8　KUKA 机器人会展现场

任务二　华中数控工业机器人基本组成

▶任务描述

本任务主要介绍华中数控工业机器人的基本组成,以及华中数控工业机器人的开关机流程。

▶相关知识

一、工业机器人的组成

工业机器人由本体、驱动系统和控制系统三个基本部分组成。本体即机座和执行机构，包括臂部、腕部和手部，有的机器人还具有行走机构；驱动系统包括动力装置和传动机构，用以使执行机构产生相应的动作；控制系统是按照输入的程序对驱动系统和执行机构发出指令信号，并进行控制。下面以HSR-JR612工业机器人为例来说明。

工业机器人本体一般采用空间开链连杆机构，其中的运动副（转动副或移动副）常称为关节，关节个数通常即为机器人的自由度数，大多数工业机器人有3~6个运动自由度。根据关节配置型式和运动坐标形式的不同，机器人执行机构可分为直角坐标式、圆柱坐标式、极坐标式和关节坐标式等类型。出于拟人化的考虑，常将机器人本体的有关部位分别称为基座、腰部、臂部、腕部、手部（夹持器或末端执行器）等。

图1-9所示为一典型的6轴工业机器人，A1、A2、A3为定位关节，机器人手腕的位置主要由这三个关节决定；A4、A5、A6为定向关节，主要用于改变手腕姿态。

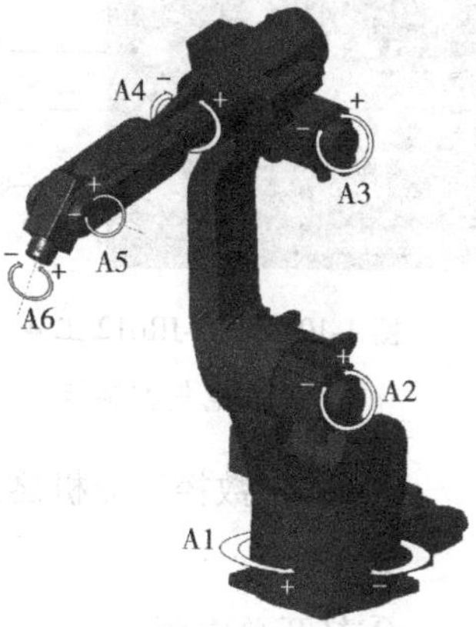

图1-9　6轴工业机器人

工业机器人驱动系统的作用是提供动力给执行元件，驱动系统的传动有液压、气动、电动三种类型。HSR-JR612工业机器人采用电动伺服驱动方式（交流电机），采用一个关节（轴）配一个驱动器。该驱动装置采用位置传感器、速度传感器等来实现位置、速度和加速度的闭环控制，不仅能提供足够的功率来驱动各个轴，而且能实现快速而频繁的启停，并精确到位。

二、工业机器人开关安全准备

1.操作前安全准备

（1）人身安全。操作人员在操作前应穿戴好安全帽和安全工作服，防止被工业机器人系统的零部件尖角划伤或在操作工业机器人末端工具动作时受伤。

（2）环境安全。工业机器人操作环境应设置“危险”“无关人员禁止入内”“远离作业区”等安全标志，防止操作人员在工业机器人工作场所周围做出危险行为，如接触机器人或周边机械有可能造成人员伤害。应设置安全保护光栅、在地面上铺设光电开关或垫片开关，以便当操作人员进入机器人工作范围内时，机器人发出警报或鸣笛并停止工作，以确保操作人员安全。

（3）设备安全。工业机器人设备安全应关注夹具是否夹紧工件，旋转或运动的工具是否停止，长期运行后的工件和机器人系统的表面是否高温，液压、气压系统是否有预压或者压力残留，控制柜等带电部件是否断电或漏电。

2.机器人的“紧急停止”安全处理要点

①确认“紧急停止”按钮、“保持/运行”开关等用于控制机器人动作的开关是否能正常动作。

②机器人操作人员在操作中应始终保持可以立刻按下“紧急停止”按钮的姿态。

③机器人运行中遇突发危害应立即按下“紧急停止”按钮。

注意：在正常动作时，请勿随意按下紧急停止开关，否则不但会缩短制动器的使用寿命，同时也会导致机器人动作轨迹变化撞到外围装置。

3.清点机器人的结构组成与上电前准备

工业机器人由控制柜、机器人本体、示教器三个部分组成。上电前将配电柜 AC380 V 电源对应接入控制柜，并检查 HSpad 示教器、本体与控制柜之间的连接线是否连接好。

▶任务实施

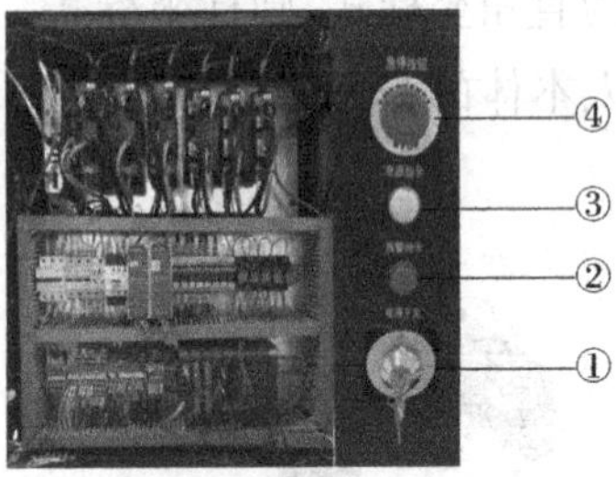

图 1-10　HSR-JR612 工业机器人电气控制柜

一、认识工业机器人电气控制柜面板

HSR-JR612 工业机器人电气控制柜如图 1-10 所示。

①电源开关：用于启动或重启工业机器人操作。

②报警指示：指示系统有报警。

③电源指示：指示控制系统上电。

④急停按钮：通过切断伺服电源立刻停止机器人和外部轴操作。一旦按下此按钮即保持紧急停止状态，顺时针方向旋转可解除紧急停止状态。

二、华中数控工业机器人操作流程

1.开机

①打开总电闸。

②控制柜上电。

插入控制柜钥匙，打开控制柜电源开关，接通电柜供电开关，确认 AC380 V 电压无误，旋转控制柜电源开关为 ON 状态，控制柜电源指示灯（白色）点亮，待示教器与控制器连接成功，示教器信息提示机系统初始化成功。

③机器人在接通电源后无报警，方可操作作业。

2.安全关机

机器人操作完毕，按下控制柜或示教器的任意急停按钮，将 HSpad 示教器挂在控制柜的示教器固定架上，旋转控制柜电源开关为 OFF 状态，同时确保控制柜内的断路器处于 OFF 状态，控制柜电源指示灯（白色）熄灭。

▶任务评价

任务名称							
姓名		小组成员					
指导教师		完成时间			完成地点		
评价内容	自我评价			教师评价			
	掌握	知道	再学	优	良	合格	不合格
认识工业机器人的基本组成							
华中数控工业机器人的基本部件							
华中数控工业机器人安全开关机流程							

▶任务拓展

工业机器人的突发危害及安全处理

工业机器人操作范围是危险场所,稍有不慎就有可能发生事故,造成突发危害。因此,工业机器人应用操作人员都需具备准确判断工业机器人突发危害的产生,并快速实施"紧急停止"安全应对的职业技能。

工业机器人的常见突发危害情况如下。

①低速动作突然变成高速动作。

②其他作业人员执行了操作。

③因周边设备等发生异常和程序错误,启动了不同的程序。

④因噪声、故障、缺陷等导致异常动作。

⑤误操作。

⑥机器人搬运的工件掉落、散开。

⑦工件处于夹持、联锁待命的停止状态下,突然失去控制。

项目二　工业机器人的基本操作

▶项目描述

工业机器人操作主要是利用机器人示教器在现场对机器人进行示教编程。机器人示教器是控制系统的核心部件之一。本项目主要介绍工业机器人示教器的结构、基本手动操作，以及利用机器人示教器对工业机器人进行工具坐标、工件坐标的标定等操作。

▶学习目标

知识目标

掌握工业机器人示教器的基本操作；

掌握工业机器人手动操作的方法；

掌握华中数控工业机器人工具坐标的标定方法；

掌握华中数控工业机器人工件坐标的标定方法。

技能目标

能够操作机器人示教器；

能够利用机器人示教器完成工业机器人手动操作；

能够完成机器人的工具、工件坐标的标定。

任务一　工业机器人的参数设置与手动操作试运行

▶任务描述

工业机器人是典型的机电一体化设备，由机器人本体、控制电柜和示教器组成。能熟练地使用示教器进行参数的设置，理解工业机器人系统的工作原理，安全地操作工业机器人的启停是工业机器人应用编程最基础的职业能力要求，也是顺利完成工业机器人示教编程的保障。

通过本任务的学习，读者能够简单、快速地熟悉 HSpad 示教器的使用，直观了解机器人系统的工作原理，提升对工业机器人的操作技能。

▶相关知识

一、HSR-JR612 工业机器人示教器简介

HSR-JR612 工业机器人示教器一般通过电缆连接到工业机器人电柜上，作为上位机通过以太网与控制器进行通信。HSR-JR612 工业机器人示教器是为就近在线操作机器人而设计的一款设备。它符合人机工程学设计，轻便灵活，配备 LCD 彩色触摸屏幕与简洁的按钮，为用户提供友好的操作体验以及快速准确的机器人运动控制功能。

如图 2-1 所示为 HSR-JR612 工业机器人示教器的正面布局。

HSR-JR612 工业机器人示教器按钮可分为轴控制按钮、倍率调节按钮、主页按钮、程序控制按钮等。

如图 2-2 所示为 HSR-JR612 工业机器人示教器背面布局。

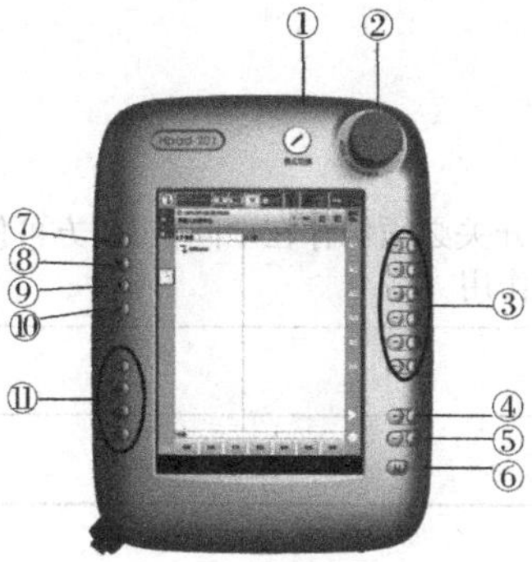

图 2-1　HSR-JR612 工业机器人示教器正面布局

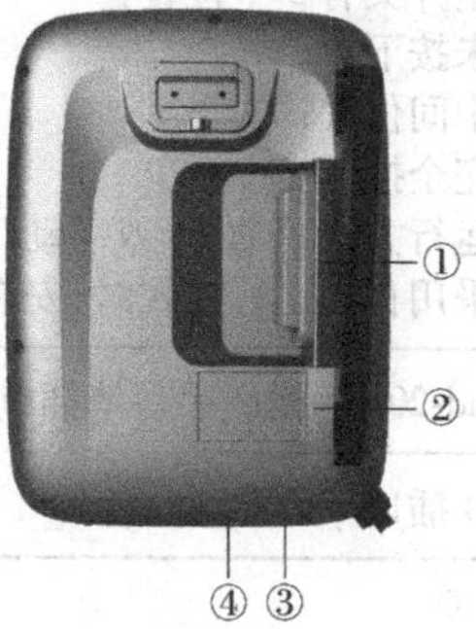

图 2-2　HSR-JR612 工业机器人示教器背面布局

HSR-JR612 工业机器人示教器正面按钮名称及功能见表 2-1。

表 2-1　HSR-JR612 工业机器人示教器正面按钮名称及功能

按钮序号	功能
①	用于调出连接控制器的钥匙开关。只有插入钥匙后,状态才可以被转换。可以通过连接控制器切换运行模式
②	紧急停止按键,用于在危险情况下使机器人停机
③	点动运行键,用于手动移动机器人
④	用于设定程序调节量的按键(自动运行倍率调节)
⑤	用于设定手动调节量的按键(手动运行倍率调节)
⑥	菜单按钮,可进行菜单和文件导航器之间的切换
⑦	暂停按钮,用于运行程序时暂停运行
⑧	停止键,用于可停止正在运行中的程序
⑨	预留键
⑩	开始运行键,在加载程序成功时,点击该按键后开始运行
⑪	辅助按键

HSR-JR612 工业机器人示教器背面按钮名称及功能见表 2-2。

表 2-2 HSR-JR612 工业机器人示教器背面按钮名称及功能

按钮序号	功能
①	调试接口
②	三段式安全开关。 安全开关有 3 个位置: ①未按下; ②中间位置; ③完全按下。 在运行方式手动 T1 或手动 T2 中,确认开关必须保存在中间位置,方可使机器人运动。 当采用自动运行模式时,安全开关不起作用
③	Hpad-201 触摸屏手写笔插槽
④	USB 插口

二、HSR-JR612 工业机器人示教器操作

1.操作界面

HSR-JR612 工业机器人控制系统通电后,示教器会载入应用程序,连接正确后示教器软件便会进入操作界面,如图 2-3 所示。

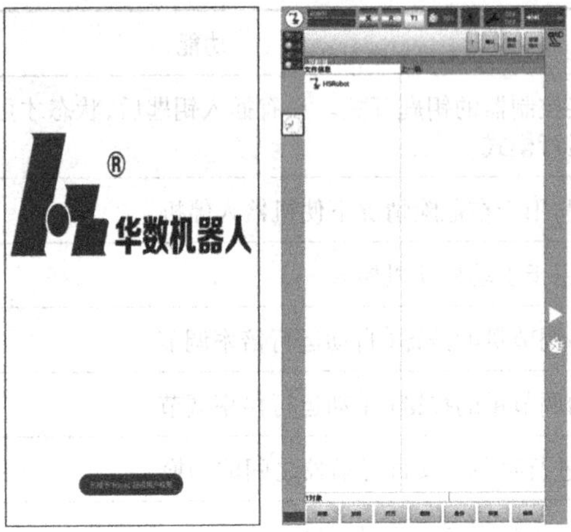

图 2-3 HSR-JR612 工业机器人示教器操作界面

2.状态栏

状态栏(图 2-4)显示工业机器人设置的状态。多数情况下通过点击图标就会打开一个窗口,可在打开的窗口中更改设置。

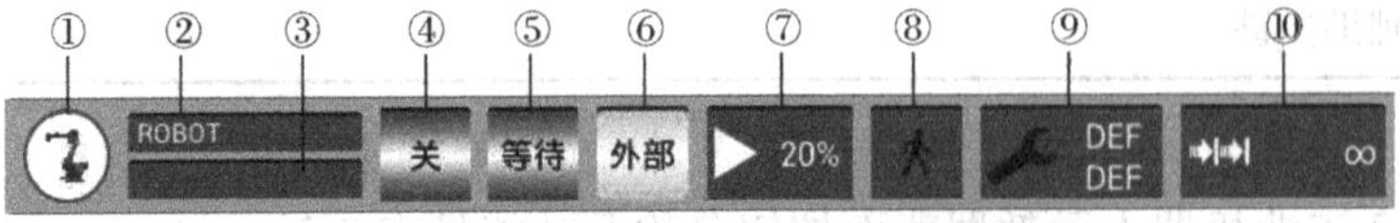

图 2-4 HSR-JR612 工业机器人示教器状态栏

HSR-JR612 工业机器人示教器状态栏各图标的名称及功能见表 2-3。

表 2-3　HSR-JR612 工业机器人示教器状态栏各图标的名称及功能

图标序号	功能
①	菜单键。功能同菜单按键功能
②	机器人名。显示当前机器人的名称
③	加载程序名称。在加载程序之后，会显示当前加载的程序
④	使能状态。 绿色并且显示“开”，表示当前使能打开。 绿色并且显示“关”，表示当前使能关闭，点击可打开使能设置窗口，在自动模式下电机开/关可设置使能开关状态。 窗口中可显示安全开关的按下状态
⑤	程序运行状态。自动运行时，显示当前程序的运行状态
⑥	模式状态显示。模式可通过钥匙开关设置，模式可设置为手动模式、自动模式、外部模式
⑦	倍率修调显示。 切换模式时会显示当前模式的倍率修调值。触摸会打开设置窗口，可通过加/减键以 1% 的单位进行加减设置，也可通过滑块左右拖动设置
⑧	程序运行模式。 在自动运行模式下只能是连续运行，在手动 T1 和手动 T2 模式下可设置为单步或连续运行。 触摸会打开设置窗口，在手动 T1 和手动 T2 模式下可点击连续/单步按钮进行运动方式切换
⑨	激活基坐标/工具显示。 触摸会打开窗口，点击工具和基坐标选择相应的工具和基坐标进行设置
⑩	增量显示。 在手动 T1 或手动 T2 模式下触摸可打开窗口，点击相应的选项可设置增量模式

3.主菜单

点击主菜单图标或按键，打开主菜单窗口，如图 2-5 所示。再次点击主菜单图标或按键，关闭主菜单。

主菜单窗口属性说明：

①左栏中显示主菜单。

②点击一个菜单项将显示其所属的下级菜单。

③打开下级菜单层数太多，可能会看不到主菜单栏，而是只能看到菜单，此时会显示最新的三级菜单。

④左上 Home 键关闭所有打开的下级菜单，只显示主菜单，在下部区域将显示上一个所选择的菜单项（最多 6 个），相当于一个快捷菜单。这样能直接再次选择这些菜单项，而无须先关闭打开的下级菜单。

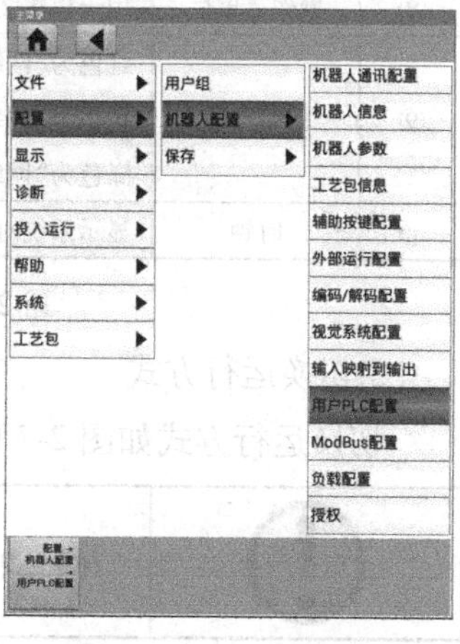

图 2-5　主菜单窗口

⑤左侧红叉关闭窗口。

4.工业机器人示教器操作界面

工业机器人示教器操作界面及功能说明,如图 2-6 所示。

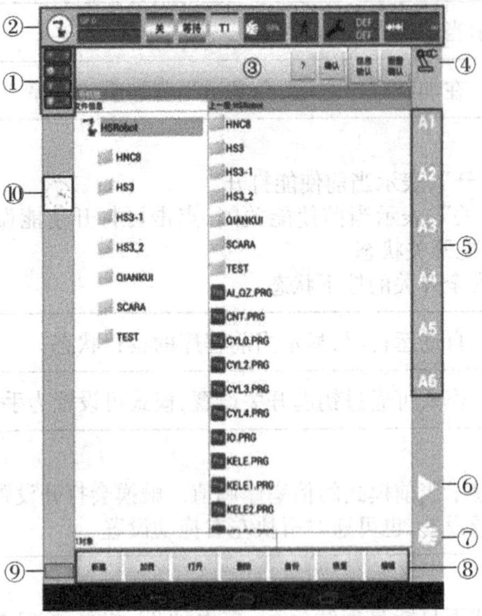

标号	名称	功能说明
①	信息提示计数器	提示每种信息类型各有多少条等待处理
②	状态栏	显示当前加载的程序、使能状态、程序状态、运行模式、倍率、程序运行方式、工具工件号、增量模式
③	信息窗口	根据默认设置将只显示最后一个信息提示。【信息确认】确认所有除错误信息以外的信息,【报警确认】确认所有报警信息,“?”按键显示当前信息的详细信息
④	坐标系状态	所有坐标系的选择切换
⑤	点动运行指示	如果选择与轴相关的运行,则显示轴号(如 A1,A2,A3,A4,A5,A6);如果选择笛卡尔式运行,则显示坐标系的方向(如 X,Y,Z,A,B,C)
⑥	自动倍率修调	—
⑦	手动位率修调	—
⑧	操作菜单栏	用于程序文件的相关操作
⑨	网络状态	红色为“网络连接错误”; 黄色为“网络连接成功”但初始化控制器未完成; 绿色为“网络初始化成功”、正常连接控制器,可控制机器人运动
⑩	时钟	显示系统时间和当前系统的运行时间

图 2-6 工业机器人示教器操作界面及功能说明

5.切换运行方式

切换运行方式如图 2-7 所示。

在程序已加载或者运行期间,运行方式不可更改。

图 2-7 切换运行方式

(1)前提条件:

①机器人控制器未加载任何程序。

②具备连接示教器钥匙开关的钥匙。

(2)操作步骤:

①在 Hspad 上转动钥匙开关,Hspad 界面会显示选择运行模式的界面,如图 2-8 所示。

②选择需要切换的运行模式,将钥匙开关再次转回初始位置。

图 2-8　选择运行模式界面

6.机器人手动运行

手动运行 HSR-612 工业机器人分为两种方式,一种是每个关节均可以独立地正反方向运动,这种运动是与轴相关的运动,称为关节坐标轴运动。另一种是工具中心点(Tool Center Point,TCP)沿着笛卡尔坐标系的正反方向运动,称为笛卡尔坐标轴运动。使用示教器右侧的点动按钮可手动操作机器人关节坐标或笛卡尔坐标轴运动。机器人的运行模式有两种,即手动模式和自动模式。手动操作机器人应在手动运行模式下运动,而手动运行模式又分为 T1 和 T2 两种,如图 2-8 所示。

机器人默认速度:T1 模式 125 mm/s,T2 模式 250 mm/s。

▶任务实施

一、设置工业机器人参数

在华数 HSpad 系统软件中,不同用户具有不同的权限。用户权限设置的步骤如下所示,在主菜单中选择"配置→用户组"。选定操作人员用户组为"Normal",点击"标准"后确认,如图 2-9 所示。

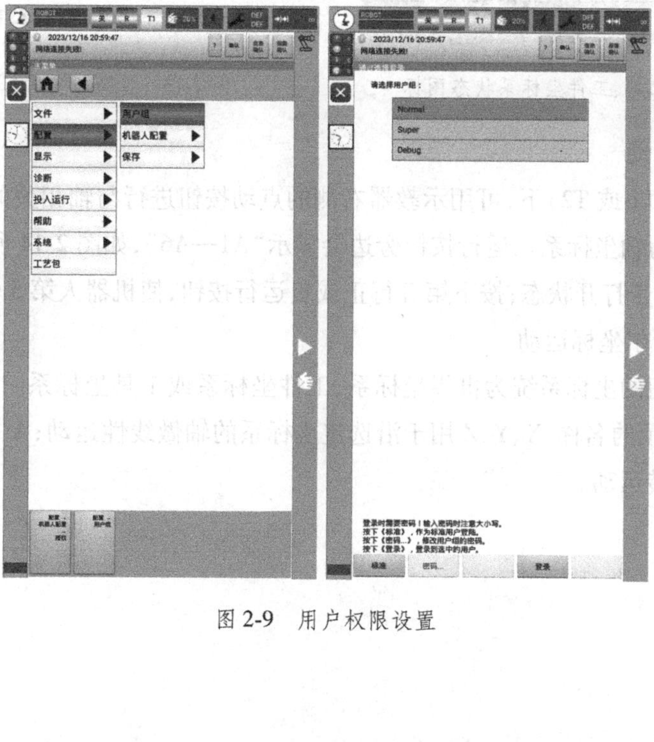

图 2-9　用户权限设置

二、手动单轴移动工业机器人

将运行模式切换到 T1，将速度设置为 20%，将工具坐标设置为 Tool 0，并将轴 5 手动调整为 90，然后用笛卡尔坐标向 X 方向运行 10 mm。

其具体步骤如下所示。

1.将速度手动修正为 10%

触摸倍率修调状态图标如图 2-10 所示，打开倍率调节量窗口如图 2-11 所示，按下加减按钮或拖动滑块后，倍率将被调节。

图 2-10　倍率修调状态图标

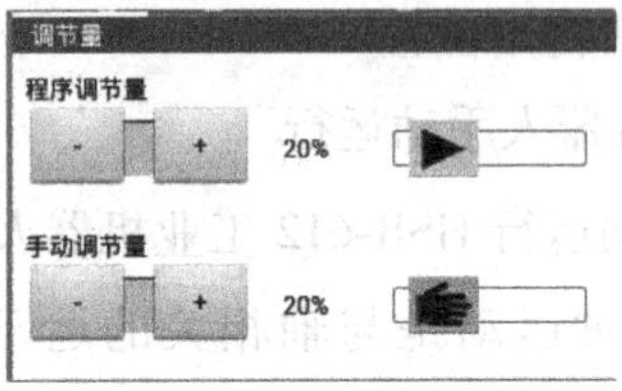

图 2-11　倍率调节量窗口

2.设置默认的坐标

触摸工具、工件坐标系状态图标如图 2-12 所示，打开“选择基坐标/工具”窗口，如图 2-13 所示，选择所需的工具和所需的基坐标。

图 2-12　工具、工件坐标系状态图标

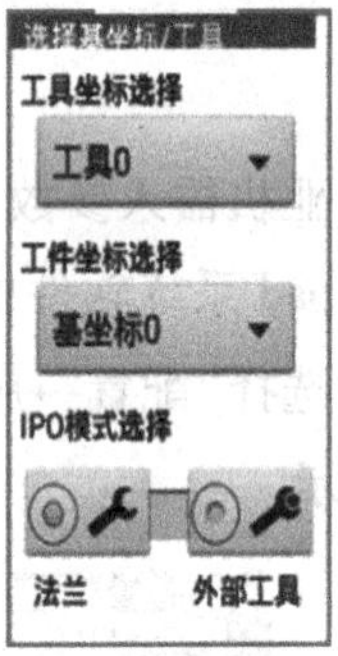

图 2-13　选择所需的工具和基坐标

3.机器人轴运动

在手动模式(T1 或 T2)下，可用示教器右侧的点动按钮进行与轴相关的运动，选择运行按钮的坐标系统为轴坐标系。运行按钮旁边会显示“A1—A6”，如图 2-14 所示；按住安全开关，此时“使能”处于打开状态；按下第五行正或负运行按钮，使机器人第 5 轴到达 90°。

4.机器人笛卡尔坐标运动

选择运行按钮的坐标系统为世界坐标系、工件坐标系或工具坐标系。运行按钮旁边会显示如图 2-15 所示的名称，X、Y、Z 用于沿选定坐标系的轴做线性运动；A、B、C 用于沿选定坐标系的轴做旋转运动。

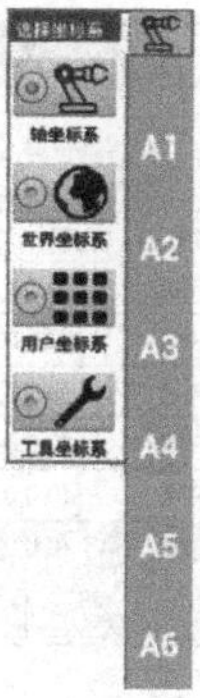

图 2-14　轴坐标系设置　　　图 2-15　世界坐标系设置

三、机器人的零点校准

在手动模式(T1 或 T2)下移动机器人各关节到机械原点(不同型号机器人原点状态标志不同)。

依次选择“投入运行→调整→校准”,进入如图 2-16 所示的数据校准对话框。

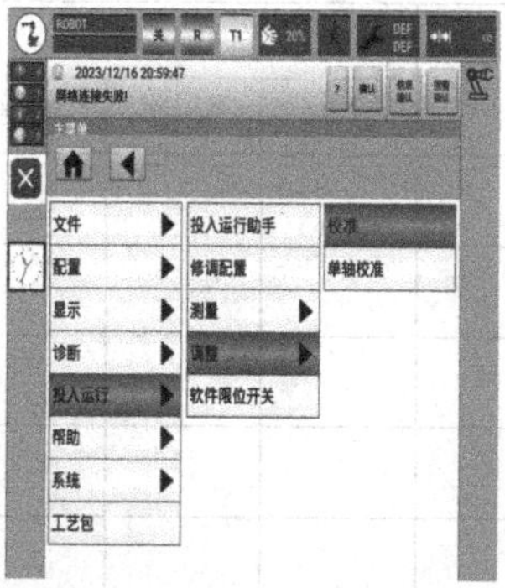

图 2-16　数据校准

点击列表中的各个选项,弹出输入框如图 2-17 所示,在该界面中输入机器人轴的零点值(从轴 1—6 分别为 0.0,-90.0,180.0,0.0,90.0,0.0)。

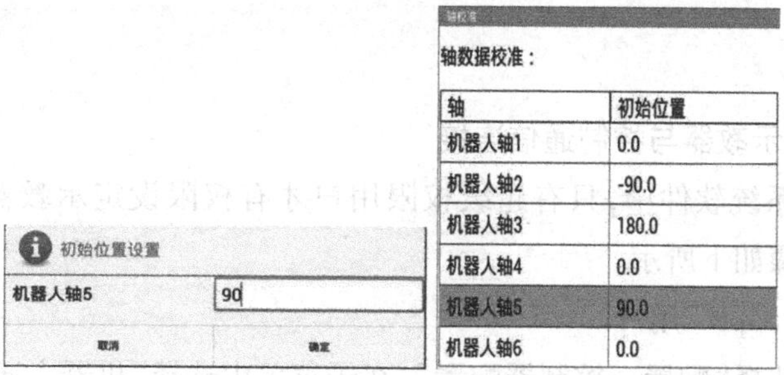

图 2-17　轴校准输入

点击保存校准数据,保存数据,保存是否成功的状态会在状态栏显示。

在手动运行界面下点击“显示→变量列表”,如图 2-18 所示,弹出变量概览显示窗口,选择 JR[0],点击“修改”,弹出手动修改坐标对话框,点击“move 到点”完成工业机器人回参考点的操作。

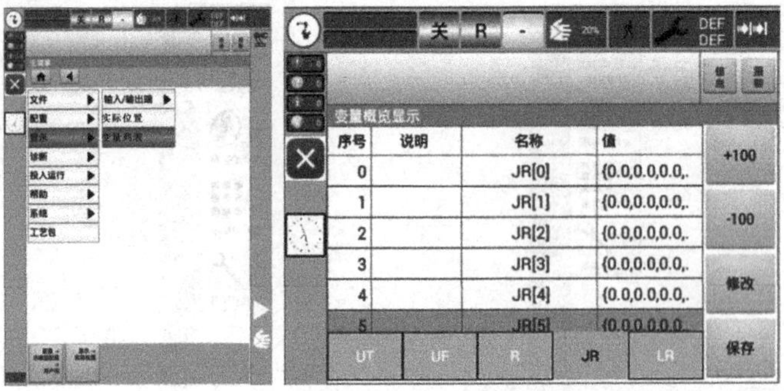

图 2-18 显示及变量列表

▶任务评价

<table>
<tr><td>任务名称</td><td colspan="8"></td></tr>
<tr><td>姓名</td><td colspan="2"></td><td colspan="2">小组成员</td><td colspan="4"></td></tr>
<tr><td>指导教师</td><td></td><td>完成时间</td><td colspan="2"></td><td>完成地点</td><td colspan="3"></td></tr>
<tr><td rowspan="2">评价内容</td><td colspan="3">自我评价</td><td colspan="4">教师评价</td></tr>
<tr><td>掌握</td><td>知道</td><td>再学</td><td>优</td><td>良</td><td>合格</td><td>不合格</td></tr>
<tr><td>认识工业机器人示教器各按键的功能</td><td></td><td></td><td></td><td></td><td></td><td></td><td></td></tr>
<tr><td>认识工业机器人示教器的界面</td><td></td><td></td><td></td><td></td><td></td><td></td><td></td></tr>
<tr><td>会工业机器人示教器的权限设置</td><td></td><td></td><td></td><td></td><td></td><td></td><td></td></tr>
<tr><td>正确手动单轴移动工业机器人</td><td></td><td></td><td></td><td></td><td></td><td></td><td></td></tr>
<tr><td>会查看实际位置</td><td></td><td></td><td></td><td></td><td></td><td></td><td></td></tr>
<tr><td>运行工业机器人进行零点校准</td><td></td><td></td><td></td><td></td><td></td><td></td><td></td></tr>
<tr><td>工业机器人回参考点</td><td></td><td></td><td></td><td></td><td></td><td></td><td></td></tr>
</table>

▶任务拓展

一、工业机器人示教器与控制通信连接

在华数 HSpad 系统软件中，只有超级权限用户才有权限设定示教器与控制通信的连接。具体设置的步骤如下所示。

①设置权限为“Super”用户。

②在菜单栏中选择“配置→控制器配置”，在子菜单中选择“机器人通讯配置”。

③输入与控制器对应的 IP 和端口之后进行“保存”操作，如图 2-19 所示。

④菜单栏中点击“系统→重启示教器”或滑动关闭 App，手动再打开“HSC3-HSpad”。

二、机器人增量手动调节

运行时可以用运行键接通增量式手动运行（T1 或 T2）模式，增量式手动运行方式可使机器人按照设定距离移动后停止。

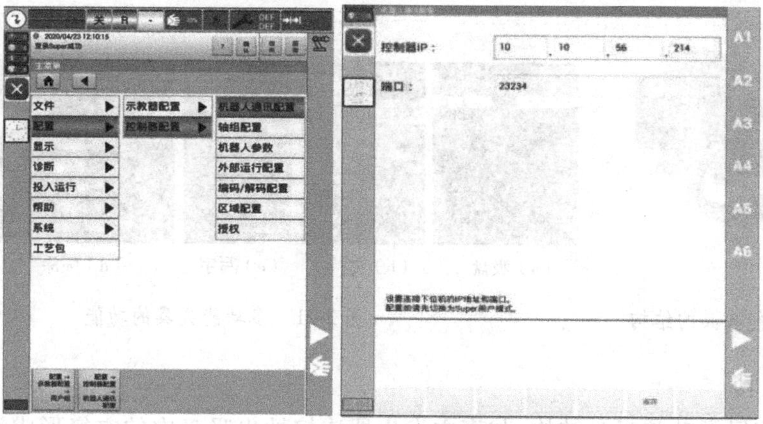

图 2-19　控制配置及 IP 地址端口设置

调整选项见表 2-4。

表 2-4　调整选项

设置		说明
持续的	已关闭增量式手动移动	增量单位为 mm，适用于在 X、Y 或 Z 方向的笛卡尔运动 增量单位为“°”，适用于在 A、B 或 C 方向的笛卡尔运动
100 mm/1°	1 增量 = 100 mm 或 10°	
10 mm/3°	1 增量 = 10 mm 或 3°	
1 mm/1°	1 增量 = 1 mm 或 1°	
0.1 mm/0.005°	1 增量 = 0.1 mm 或 0.005°	

任务二　工业机器人多功能夹具的认识与安装

▶任务描述

工业机器人夹具相当于人类的手一样，是帮助机器人抓取物品的。机器人在各行各业中都得到了广泛的应用，我们只有熟悉工业机器人的种类、功能，才能进一步熟练地安装、调试和运行常用工业机器人的各种夹具。本任务的主要内容是通过熟悉工业机器人夹具各元件的组成，了解机器人各类夹具的基本功能，从而熟练安装 HSR-JR612 机器人夹具。

▶相关知识

一、多功能夹具的组成

多功能夹具是专门针对教学环境设计的专用夹具，设计理念来源于立方体，立方体具有 6 个面，每个面都有相应的功能模块，使用多功能夹具可以让一台工业机器人在无须更换夹具的情况下具有 5 种工作模式，分别为：喷涂、写字、打磨、夹持、吸盘，达到“一机多用”的效果，满足于教学环境的多项实训任务开展。多功能夹具的结构和功能如图 2-20 和图 2-21 所示。

图 2-20 多功能夹具的结构

（a）吸盘 （b）夹持 （c）写字 （d）喷涂 （e）打磨

图 2-21 多功能夹具的功能

1.吸盘工具

吸盘采用风琴硅胶吸盘结构，与真空发生器连接抽出吸盘内的空气形成负压，与大气压相比形成的压力差提供吸取工件的能量。吸盘导向柱具有弹性滑动机制，便于将吸盘紧贴工件而不被损坏。吸盘如图 2-22 所示。

2.夹持工具

采用阔型手指气缸控制的平行开闭气爪可用于对工件进行夹持搬运。夹持的工件一般为质量较大的立方体，气缸的夹紧和松开由内部的活塞所处的位置决定，在活塞上加装磁环后可在缸体上使用磁性检测传感器检测活塞所处的位置，进而将夹紧到位信号和松开到位信号反馈到机器人控制系统中。夹持气缸如图 2-23 所示。

图 2-22 吸盘

图 2-23 夹持气缸

3.写字工具

在多功能夹具的一个面加装一支带有弹性压缩的笔，即可对机器人进行写字、绘图程序的编写，这类程序一般采用离线编程的方式进行编程，导出的程序加载到机器人可让机器人完成自动写字、绘图。

4.喷涂工具

在多功能夹具中配有喷枪，如图 2-24 所示，喷枪由两根气管和一根涂料进料管组成，气管的气压来自空压机，涂料管的涂料来自涂料中的微型潜水泵，当机器人的喷涂开关打开后，两根气管将涂料进行雾化并喷出，调整喷嘴的旋钮可以调整雾状涂料的形状，针对不同的工作环境可任意调整。

图 2-24　喷枪

5.打磨工具

打磨工具模拟的是机器人手拿工件的打磨任务，如机器人打磨手机壳、汽车轮毂等典型打磨工作。在工业应用中考虑加工的效率和质量，一般使用离线编程软件编写精确的打磨控制程序。

二、多功能夹具的电气控制系统

多功能夹具的电气控制系统分为电磁阀控制和传感器检测两个部分，其中电磁阀控制是由机器人输出数字量控制信号进行控制的，传感器检测由磁性接近开关将检测信号反馈至机器人输入数字量端口。因此，对于机器人来说，夹具的控制就是控制输出信号（D_OUT）和检测输入信号（D_IN）。接下来我们对这部分知识逐一分析。

1.输入输出端子（I/O 盒）

华中数控工业机器人的 I/O 盒采用模块化设计，分为六槽底板 I/O 盒和九槽底板 I/O 盒，机器人上常用九槽底板 I/O 盒（即 HIO-1108），每一种 I/O 盒都由通信模块（HIO-1161）、输入端子（数字量/模拟量）、输出端子（数字量/模拟量）组成。数字量输入输出端子根据工作方式又分为 PNP、NPN 两种接口类型。该 I/O 单元符合 EtherCAT 总线规范，扩展模块可任意配置数字量输入输出，支持模拟量输入输出。图 2-25 所示为华中数控工业机器人 I/O 盒。

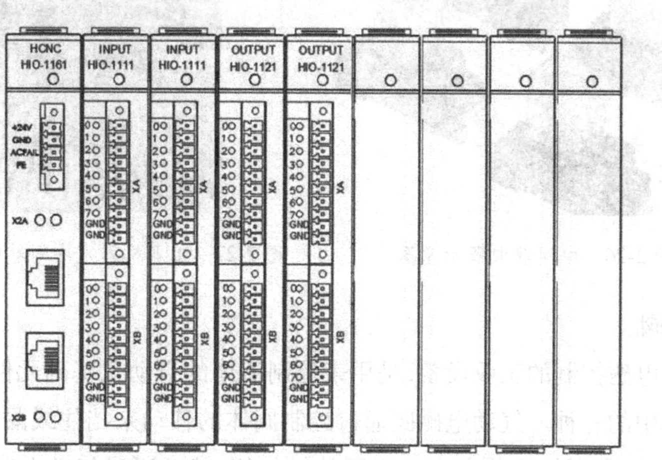

图 2-25　华中数控工业机器人 I/O 盒

2.中间继电器(KA)

中间继电器是一种通过控制电磁线圈的通断,将一个输入信号变成多个输出信号或将信号放大(即增大触头容量)的继电器。中间继电器是用来转换控制信号的中间元件,其输入信号为线圈的通电或断电信号,输出信号为触头的动作。它的触头数量较多,触头容量较大,各触头的额定电流相同。

当其他继电器的触头数量或触头容量不够时,可借助中间继电器扩大它们的触头数或增大触头容量,起到中间转换(传递、放大、翻转、分路和记忆等)作用。中间继电器的触头额定电流比其线圈电流大得多,所以可以用来放大信号。将多个中间继电器组合起来,还能构成各种逻辑运算与计数功能的电路。

中间继电器的结构和原理与交流接触器基本相同,与接触器的主要区别在于:触点容量大小之分,一般接触器的触点容量可以通过大电流,而中间继电器长期允许通过的电流不大于5 A,所以,中间继电器只能用于控制电路中。中间继电器一般是没有主触点的,因为过载能力比较小,所以它用的全部都是辅助触头,数量比较多。

中间继电器主要用于各种保护和自动控制装置的二次电路保护中,以增加保护和控制回路的触点容量和触点数量。中间继电器具体的工作原理是线圈装在U形的导磁体上,导磁体上面有一个衔铁,导磁体两侧装有两排触点单片,在非动状态下将衔铁向上托起,使衔铁与导磁体之间保持一定的间隙,当气隙间的电磁力矩超过反作用力矩时,衔铁被吸向导磁体,同时衔铁压动触点弹片,使常闭触点断开、常开触点闭合,以完成信号的传递。图2-26所示为中间继电器示意图,图2-27所示为工业机器人中间继电器的使用方法。

图2-26 中间继电器示意图

图2-27 工业机器人中间继电器的使用方法

3.气动电磁阀

电磁阀是用电磁控制的工业设备,是用来控制流体的自动化基础元件,属于执行器,而气动电磁阀是其中的一种。气动电磁阀通过控制阀体的移动来挡住或漏出不同的排气孔,而进气孔是常开的,高压气体就会进入不同的排气管,然后通过气动电磁阀的气压来推动气缸的活塞,这样通过控制气动电磁阀的电磁铁的电流就控制了整个电磁阀的机械运动。

常见的气动电磁阀如图 2-28 所示，电磁阀在多功能夹具中的使用如图 2-29 所示。

气动电磁阀里有密闭的腔，在不同位置开有通孔，气动电磁阀的每个孔都通向不同的气管，腔中间是阀，两面是两块电磁铁，哪面的磁铁线圈通电阀体就会被吸引到哪面。

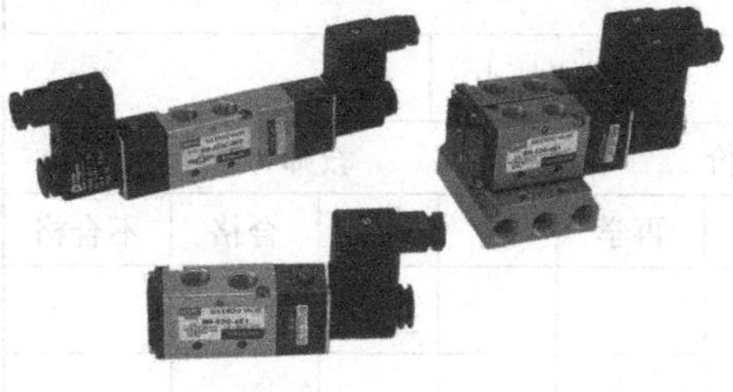

图 2-28 常见气动电磁阀

图 2-29 电磁阀在多功能夹具中的使用

4.真空发生装置

真空发生器就是利用正压气源产生负压的一种新型、高效、清洁、经济、小型的真空元器件，这使得在有压缩空气的地方，或在一个气动系统中同时需要正负压的地方获得负压变得十分容易和方便。真空发生器广泛应用在工业自动化中机械、电子、包装、印刷、塑料及机器人等领域。真空发生器的传统用途是与吸盘配合，进行各种物料的吸附、搬运，尤其适合吸附易碎、柔软、薄的非金属材料或球形物体。在这类应用中，一个共同特点是所需的抽气量小，真空度要求不高且为间歇工作。真空发生器的抽吸机理和影响其工作性能因素的分析研究，对正负压气路的设计和选用有着不可忽视的实际意义。图 2-30 所示为常见的真空发生装置，图 2-31 所示为多功能夹具中使用的真空发生器和真空吸盘。

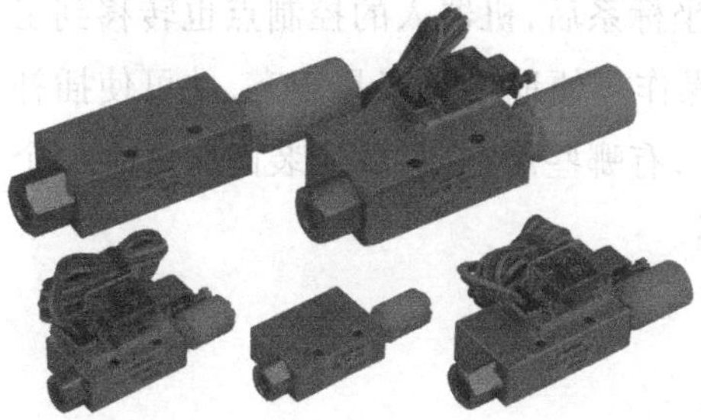

图 2-30 常见真空发生装置

图 2-31 真空发生器和真空吸盘

▶任务实施

完成多功能夹具的安装。

▶任务评价

任务名称							
姓名		小组成员					
指导教师		完成时间		完成地点			
评价内容	自我评价			教师评价			
	掌握	知道	再学	优	良	合格	不合格
新建程序文件夹							
利用工业机器人示教器新建程序							
利用工业机器人示教器新建子程序							
工装整洁,工位干净;遵守纪律,爱护设备;全程操作规范,符合安全文明生产要求							

任务三　工具坐标的标定

▶任务描述

本任务主要完成 HSR-JR612 工业机器人工具参数的设定、示教。工具坐标系定义机器人到达预设目标时所使用工具的位置。建立了工具坐标系后,机器人的控制点也转移到工具的尖端点上,这样示教时可以利用控制点不变的操作方便地调整工具姿态,并可使插补运算时轨迹更精确。所以,无论是什么机型的机器人,有哪些用途,只要安装的工具有一个尖端,在示教程序前都务必要准确地建立工具坐标系。

▶相关知识

一、工具坐标系概述

工具坐标系安装在机器人末端,是以机器人工具法兰中心 6 为基准进行设定的。原点及方向都是随着工具前端位置与角度不断变化的。

机械手在出厂时都有一个默认的工具坐标系 Tool 0:位置在法兰中心。但机械手实际运动中往往会在法兰中心安装吸盘、焊枪、气缸等工具。此时若机械手运动中心依然在法兰中心,会造成很大的不便。因此,根据实际情况去示教需要的工具坐标系就显得有必要。

工具坐标系是以工具中心点作为零点,机器人的轨迹参照工具中心点,不再是机器人手腕中心点 Tool 0,而是新的工具中心点。

二、查找工具坐标系的操作步骤

HSR-JR612 工业机器人系统的工具坐标系总共有 16 个,从工具 1 到工具 16。设置当前工具坐标系操作步骤如下。

（1）手动界面是 HSR-JR612 工业机器人示教器软件的初始界面，如图 2-32 所示。

（2）在手动界面下，点击按钮，会弹出工具坐标系选择对话框，如图 2-33 所示。

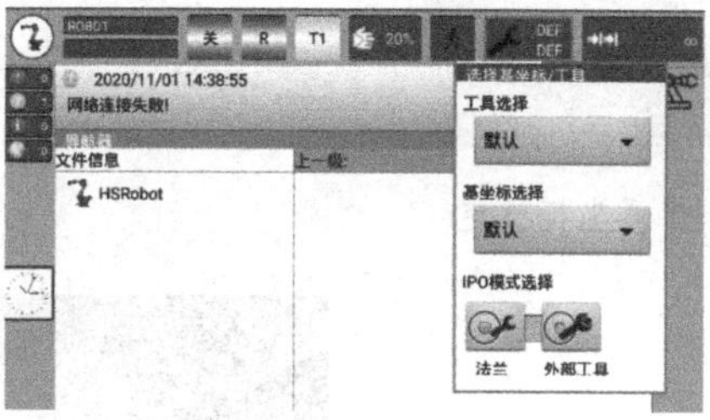

图 2-32　初始界面

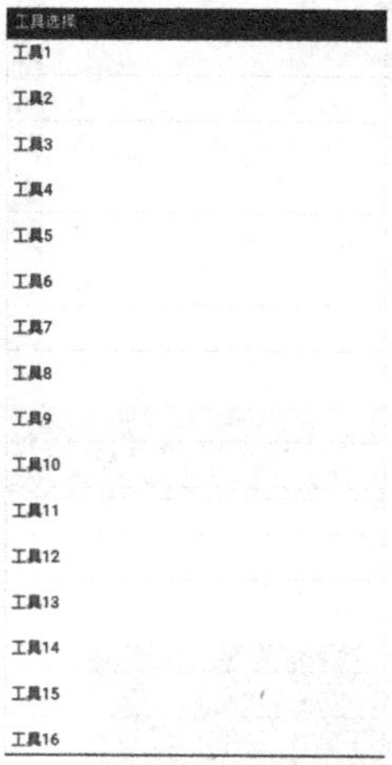

图 2-33　工具坐标系选择对话框

（3）在对话框内选择工具，会出现相对应的工具坐标系，如图 2-34 所示。

（4）在菜单中选择“显示→变量列表→TOOL”可以看见当前工具坐标系值，如图 2-35 所示。

图 2-34　工具选择

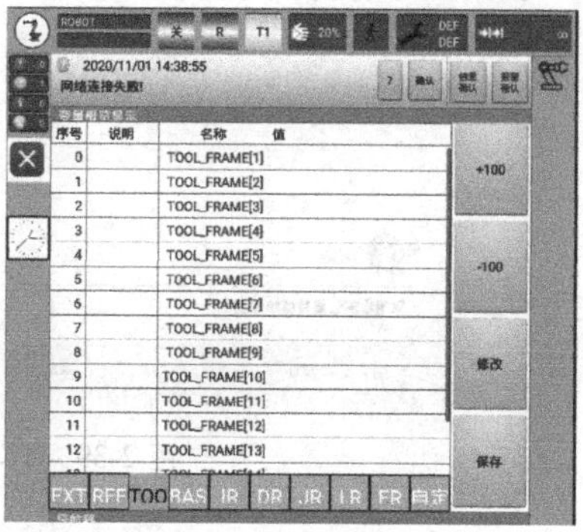

图 2-35　工具坐标系值

▶任务实施

工具坐标设定步骤：

（1）在菜单中选择“投入运行→测量→工具→4 点法”。

（2）为待测量的工具输入工具号和名称。点击“继续”键确认，如图 2-36 所示。

（3）用 TCP 移至任意一个参照点，点击“记录”，再点击“确定”键确认，如图 2-37 所示。

（4）用 TCP 从一个其他方向朝参照点移动，点击“记录”，再点击“确定”键确认，如图 2-38所示。

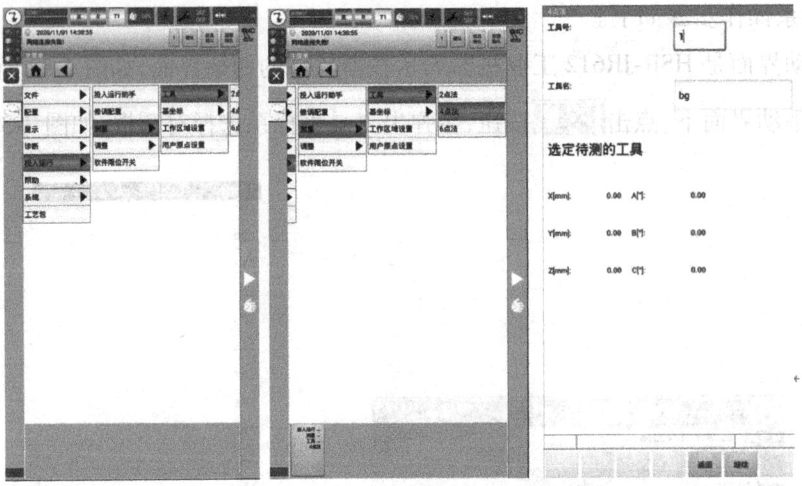

图 2-36　工具坐标设定

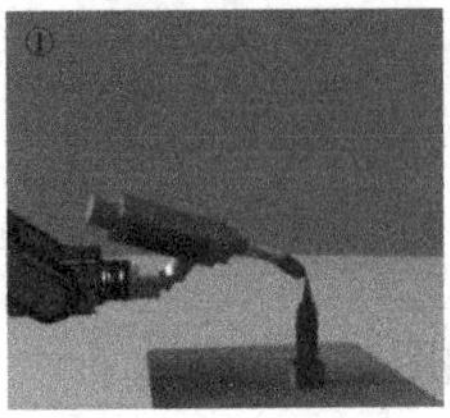

图 2-37　TCP 示意图 1

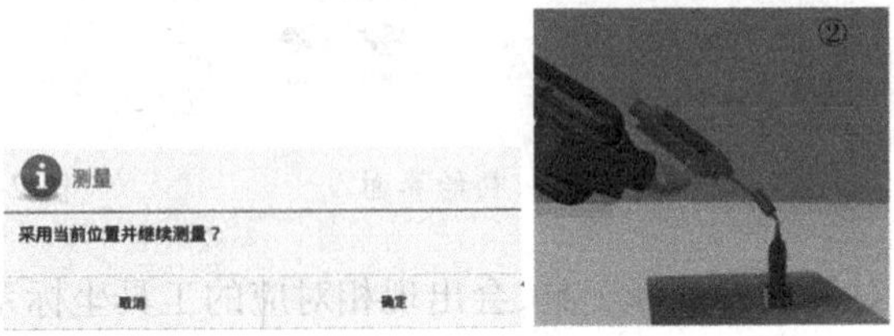

图 2-38　TCP 示意图 2

(5)用 TCP 从一个其他方向朝参照点移动，点击“记录”，再点击“确定”键确认，如图 2-39所示。

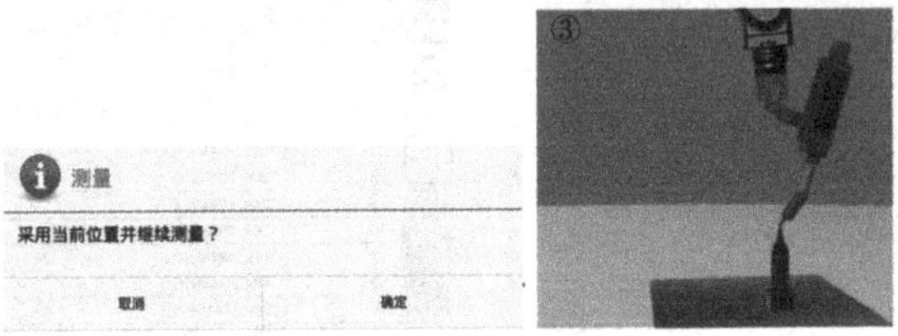

图 2-39　TCP 示意图 3

(6)用 TCP 从一个其他方向朝参照点移动，点击“记录”，再点击“确定”键确认，如图 2-40所示。

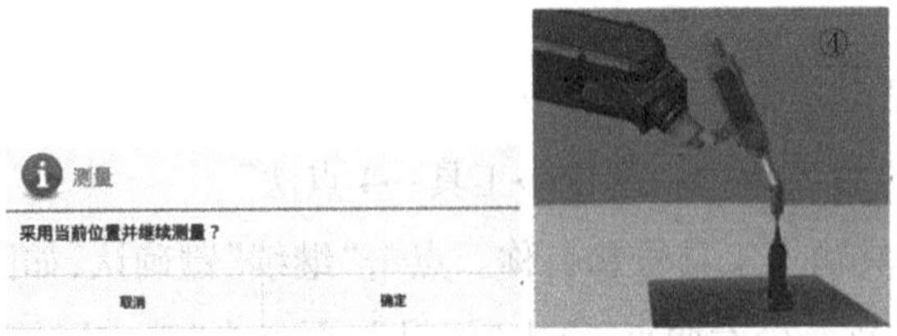

图 2-40　TCP 示意图 4

(7)点击“保存”，数据被保存，窗口关闭，如图 2-41 所示。

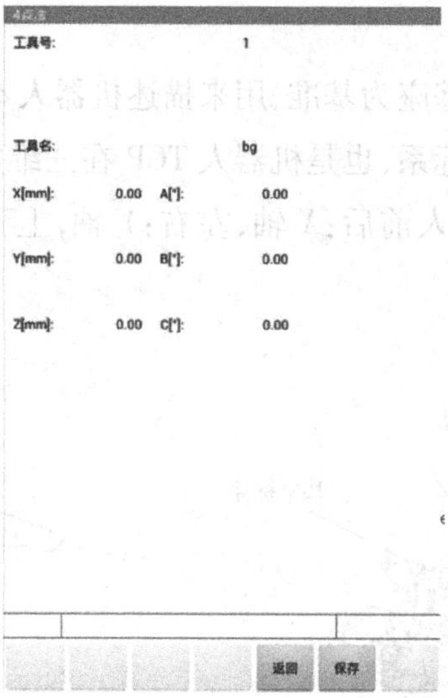

图 2-41　数据保存

▶任务评价

任务名称							
姓名		小组成员					
指导教师		完成时间		完成地点			
评价内容	自我评价			教师评价			
	掌握	知道	再学	优	良	合格	不合格
HSR-JR612 工业机器人工具坐标系的建立步骤							
4 点标定法和 6 点标定法标定工具参数							
培养学生探究问题的能力							

▶知识拓展

工业机器人常用的 6 种坐标系：

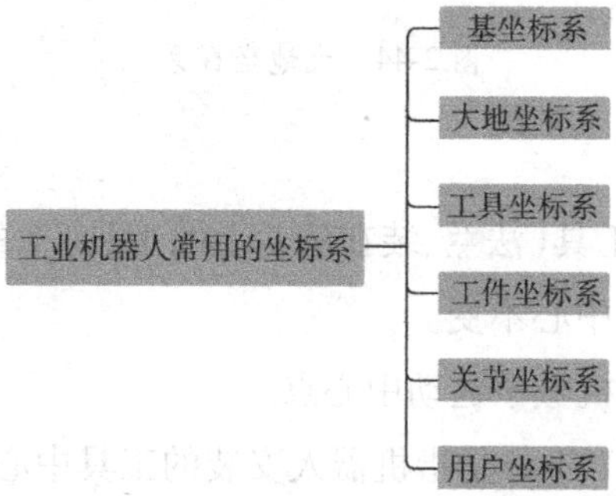

1.基坐标系

基坐标系是以机器人安装基座为基准、用来描述机器人本体运动的直角坐标系。

任何机器人都离不开基坐标系，也是机器人 TCP 在三维空间运动空间所必需的基本坐标系，如图 2-42 所示（面对机器人前后：X 轴，左右：Y 轴，上下：Z 轴）。坐标系遵守右手准则，如图 2-43 所示。

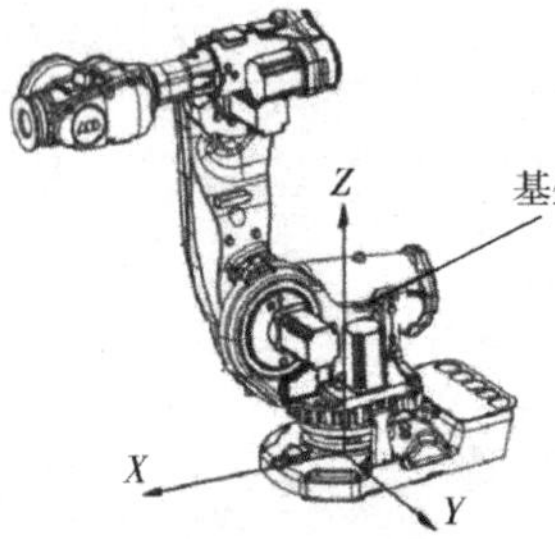

图 2-42　轴机器人基坐标系

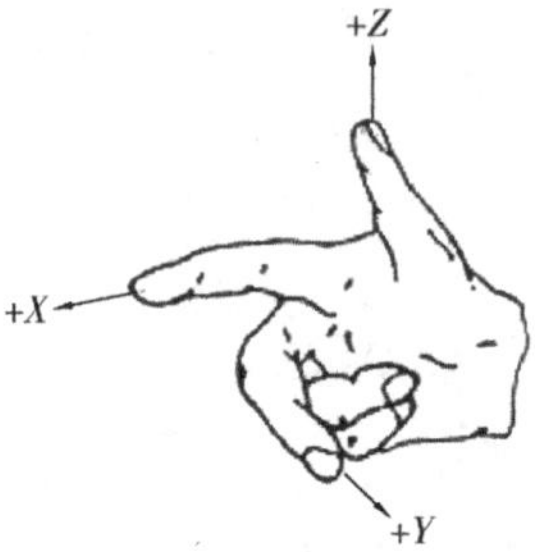

图 2-43　右手准则

2.大地坐标系

大地坐标系是以大地作为参考的直角坐标系。多个机器人联动和带有外轴的机器人会用到，90%的大地坐标系与基坐标系是重合的。但是在以下两种情况下，大地坐标系与基坐标系不重合。

（1）机器人倒装。倒装机器人的基坐标系与大地坐标系 Z 轴的方向是相反的，机器人可以倒过来，但是大地却不可以倒过来。

（2）带外部轴的机器人。如图 2-44 所示，大地坐标系固定好位置，而基坐标系却可以随着机器人整体的移动而移动。

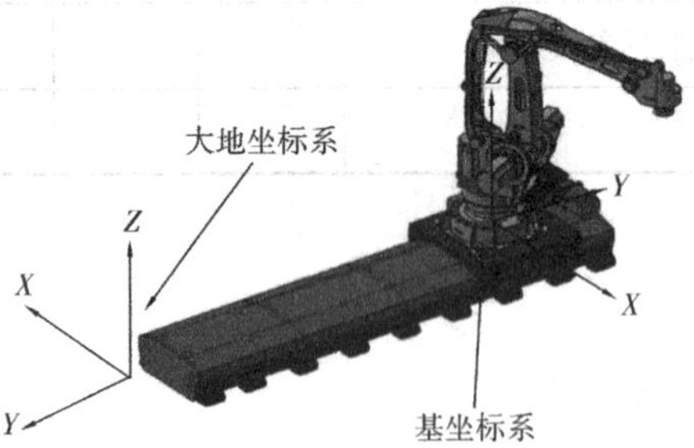

图 2-44　大地坐标系

3.工具坐标系

工具坐标系是指固定在工具（法兰、装在法兰上的工具）上的坐标系。

特点：相对于机械手法兰中心不变。

工具坐标系原点（TCP）：机械手运动中心点。

机器人 TCP（Tool Center Point）是指机器人安装的工具中心点。

机械手在出厂时都有一个默认的工具坐标系 Tool 0：位置在法兰中心。但机械手实际运动中往往会在法兰中心安装吸盘、焊枪、气缸等工具。此时若机械手运动中心依然在法兰中心，会造成很大的不便。因此，根据实际情况去示教需要的工具坐标系就显得有必要。

工具坐标系是以工具中心点作为零点。机器人的轨迹参照工具中心点，不再是机器人手腕中心点 Tool 0 了，而是新的工具中心点。

例如，焊接的时候，我们所使用的工具是焊枪，所以可把工具坐标移植为焊枪的顶点。而用吸盘吸工件时使用的是吸盘，所以我们可以把工具坐标移植为吸盘的表面。

工具坐标系可采用 $N(N\geqslant4)$ 点法确定：机器人 TCP 通过 N 种不同姿态同某定点相接触，得出多组解，通过计算得出当前 TCP 与工具安装法兰中心点（Tool 0）的相应位置，坐标系方向与 Tool 0 一致，如图 2-45 所示。

4.工件坐标系

工件坐标系是以工件为基准的直角坐标系，可用来描述 TCP 运动的坐标系，如图 2-46 所示。

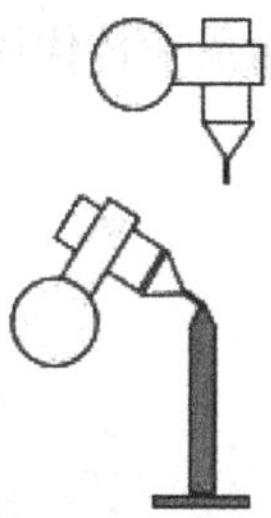

图 2-45　工具坐标系标定

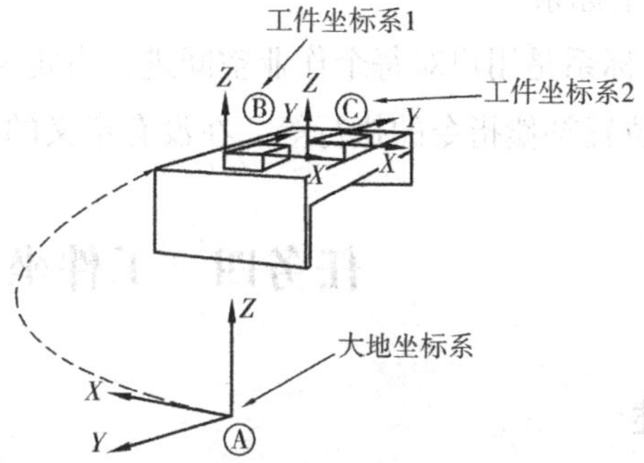

图 2-46　工件坐标系

充分利用工件坐标系能让编程达到事半功倍的效果。

例如，机器人加工工件 1，轨迹编程已经编好，另外有工件 2，轨迹不需要重复编程，只要把工件坐标系 1 改为工件坐标系 2 即可，如图 2-47 所示。

工件坐标系用来确定工件的位姿，它由工件原点与坐标方位组成。工件坐标系可采用三点法确定：点 $X1$ 与点 $X2$ 连线组成 X 轴，通过点 $Y1$ 向 X 轴作的垂直线为 Y 轴，Z 轴方向以右手定则确定，如图 2-48 所示。

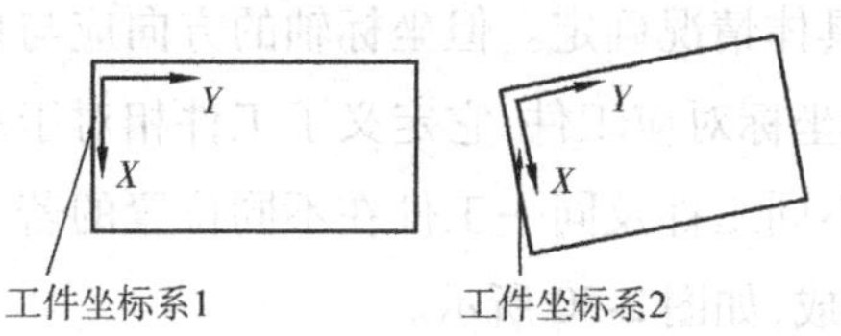

（a）工件1　　（b）工件2

图 2-47　不同工件坐标系

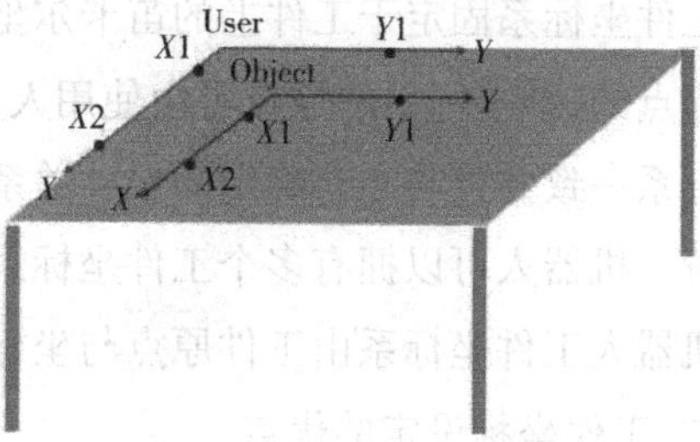

图 2-48　确定工件坐标系的方法

5.关节坐标系

关节坐标系是设定在机器人关节中的坐标系,它是每个轴相对其原点位置的绝对角度,如图 2-49 所示。

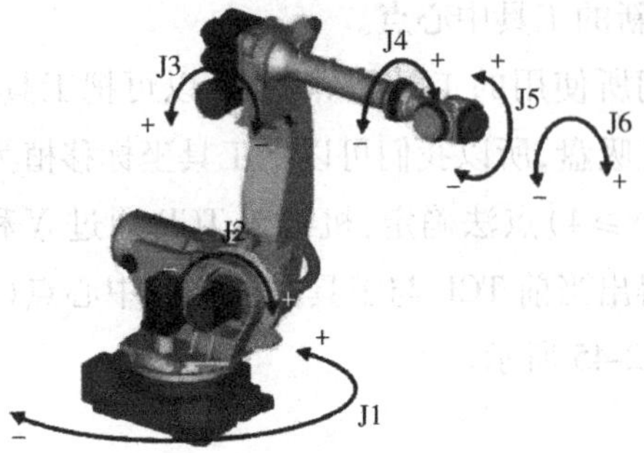

图 2-49　机器人关节坐标系

6.用户坐标系

用户坐标系是用户对每个作业空间进行自定义的直角坐标系,它用于位置寄存器的示教和执行、位置补偿指令的执行等。在没有定义的时候,将由大地坐标系来替代该坐标系。

任务四　工件坐标的标定

►任务描述

本任务主要是完成 HSR-JR612 工业机器人工件参数的设定、示教。工具坐标系定义机器人到达预设目标时所使用工具的位置。建立了工具坐标系后,机器人的控制点也转移到了工具的尖端点上,这样示教时可以利用控制点不变的操作方便地调整工具姿态,并可使插补运算时轨迹更为精确。所以,无论是什么机型的机器人,有哪些用途,只要安装的工具有一个尖端,在示教程序前都务必要准确地建立工具坐标系。

►相关知识

一、工件坐标系的定义

工件坐标系固定于工件上的笛卡尔坐标系,是编程人员在编制程序时用来确定刀具和程序起点的,该坐标系的原点可由使用人员根据具体情况确定。但坐标轴的方向应与机器人坐标系一致并且与之有确定的尺寸关系。工件坐标对应工件,它定义了工件相对于基座的位置。机器人可以拥有多个工件坐标系,表示不同工件及同一工件在不同位置的若干副本。机器人工件坐标系由工件原点与坐标方位组成,如图 2-50 所示。

二、工件坐标设定的优点

对机器人进行编程就是在工件坐标中创建目标和路径,它具有以下优点:

①重新定位工作站中的工件时,只需更改工件坐标的位置,所有路径将立即随之更新。

②允许操作以外轴或传送导轨移动的工件,因为整个工件可连同其路径一起移动。

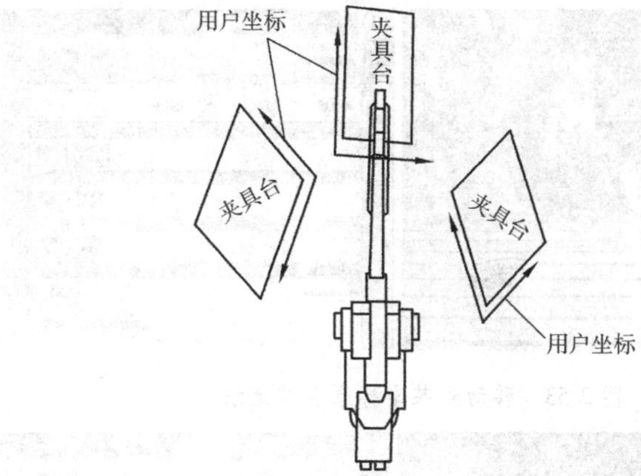

图 2-50　机器人工件坐标系的组成

三、建立工件坐标

在对象的平面上，只需要定义 3 个点，就可以建立一个工件坐标。工件坐标的设立符合右手定则。

①O 点确定工件坐标的绝对原点。

②*X* 点确定工件坐标向 *X* 方向延伸点。

③*Y* 点确定工件坐标向 *Y* 方向延伸点。

三点法：点 *O* 与点 *X* 连线组成 *X* 轴，通过点 *O* 与向 *X* 轴作的垂直线，为 *Y* 轴。

▶任务实施

工件坐标标定步骤：

(1)在菜单中选择“投入运行→测量→基坐标→3 点法”，如图 2-51 所示。

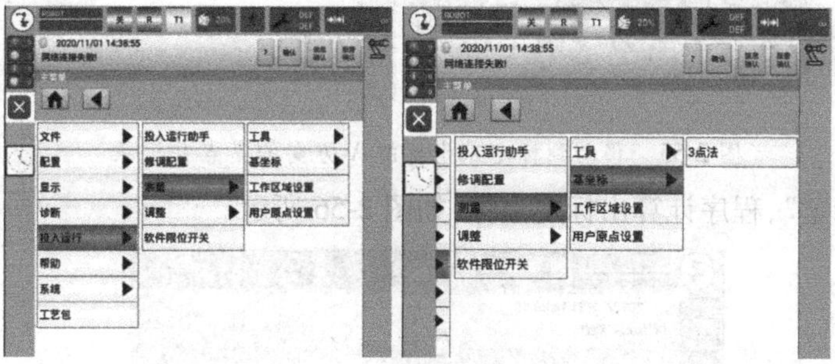

图 2-51　工件坐标系设定

(2)选择待标定的基坐标号，可设置备注名称，如图 2-52 所示。

(3)移动到基坐标原点，记录原点坐标，如图 2-53 所示。

(4)移动到标定基坐标的 *Y* 方向的某点，记录坐标如图 2-54 所示。

(5)移动到标定基坐标的 *X* 方向的某点，记录坐标，如图 2-55 所示。

图 2-52　选择待标定的基坐标号

图 2-53　移动到基坐标原点并记录

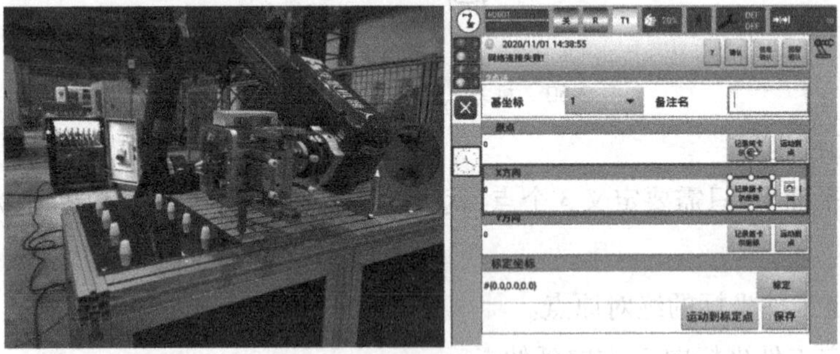

图 2-54　移动到标定基坐标的 *Y* 方向的某点并记录

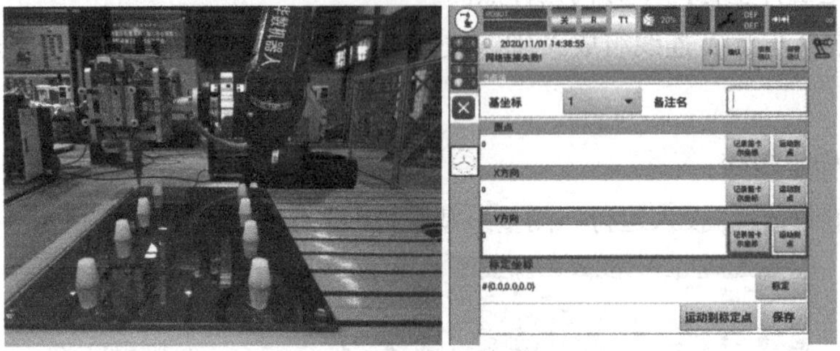

图 2-55　移动到标定基坐标的 *X* 方向的某点并记录

(6)按下“标定”,程序计算出标定坐标,如图 2-56 所示。

图 2-56　程序计算出标定坐标

(7)按下“保存”,存储基坐标的标定值,如图 2-57 所示。

图 2-57　存储基坐标的标定值

(8)标定完成后,按下“运动到点”,可移动到标定坐标,如图 2-58 所示。

图 2-58　移动到标定坐标

▶任务评价

任务名称								
姓名		小组成员						
指导教师		完成时间		完成地点				
评价内容	自我评价			教师评价				
	掌握	知道	再学	优	良	合格	不合格	
HSR-JR612 工业机器人工具坐标系的建立步骤								
4 点标定法和 6 点标定法标定工具参数								
培养学生探究问题的能力								

▶任务拓展

工具坐标和工件坐标的区别

1.坐标系不同

工具坐标系与机器人基座坐标系是两个相对独立的坐标系,它们之间的转换关系是确定的。而工件坐标系是相对工件本身建立的坐标系,与机器人基座没有直接关联。

2.应用不同

工具坐标通常用来描述机器人末端工具在基座坐标系中的位置和姿态,而工件坐标通常用来描述工件相对基座坐标系的位置和姿态。在机器人加工中,需要将工具坐标和工件坐标关联起来,以便机器人能够按照指定路线对工件进行加工。

3.测量方式不同

工具坐标的测量通常可以通过机器人自身的测量工具来完成,而工件坐标需要通过高精度测量仪器来获取。

项目三　工业机器人轨迹编程

▶项目描述

工业机器人轨迹编程是利用机器人的常用指令对轨迹进行操作。本项目将介绍华中数控工业机器人的基本指令。

▶学习目标

知识目标

掌握华中数控工业机器人的基本运动指令；

掌握寄存器指令的使用方法；

掌握心形轨迹相应指令的应用；

知道工业机器人的产生及定义；

掌握华中数控工业机器人的组成与系统结构。

技能目标

能创建工业机器人程序；

能使用运动指令编写程序。

任务一　程序文件的新建

▶任务描述

本任务介绍如何利用示教器创建文件，创建主程序和子程序，并理解文件与主程序与子程序之间的区别。

▶相关知识

一、机器人程序结构

华中数控工业机器人控制系统中供用户使用的文件有两种：PRG 和 LIB 文件。其中，PRG 为主程序文件类型，通常是为了完成某一特定任务而编写的，故又可称其为主任务。LIB 为子程序文件类型，为包含某一特定功能模块的任务，主要用来被主任务调用。

二、主程序(PRG)

主程序的名称格式为：* * *.PRG，程序名的命名规则为：不允许有汉语、纯数字、j 或 a+纯数字、数字开头、程序名字长度在 1~7 个字节之内。主程序结构分两大模块：变量声明区域和主程序区域。一个新建的主程序如下所示，其中“'”表示注释，程序不扫描不执行此行。图 3-1 所示为示教器中创建的主程序结构体。

```
'(add your COMMON/COMMON SHARED variable here )  '在这里定义全局变量

PROGRAM  '程序开始
'(add your DIM variable here )  '在这里定义局部变量
WITH ROBOT  '声明华中数控工业机器人
ATTACH ROBOT  '绑定华中数控工业机器人
ATTACH EXT_AXES  '绑定外部轴
WHILE TRUE  '主循环开始
'(write your code here)  '在这里开始写程序代码

SLEEP 100  '程序休眠 100 ms
END WHILE  '结束循环
DETACH ROBOT  '解绑机器人
DETACH EXT_AXES  '解绑外部轴
END WITH  '退出机器人环境
END PROGRAM  '主程序结束
```

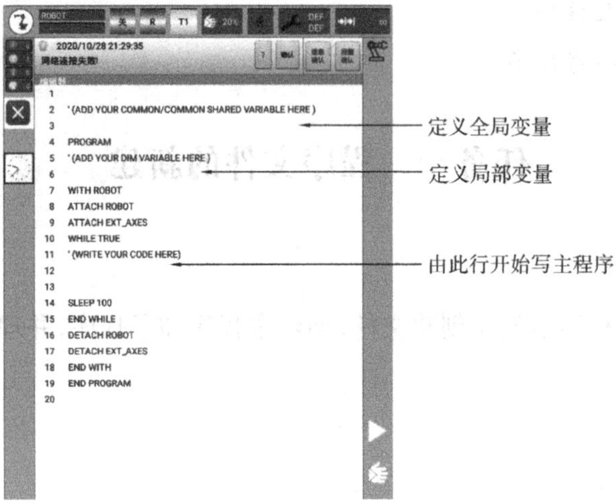

图 3-1　主程序结构体

通常情况我们在编写程序时需要创建全局变量和局部变量,需注意两种变量的创建位置不同,主程序书写默认从第 11 行开始。

三、子程序(LIB)

子程序的名称格式为:＊＊＊.LIB,程序名的命名规则为:不允许有汉语、纯数字、j 或a+纯数字、数字开头、程序名字长度在 1~7 个字节之内。

```
'在这里定义局部变量
PUBLIC SUB TEST'子程序的开始
'(write your code here)'在这里开始编写代码
```

END SUB′子程序结束

以上程序结构为新建子程序的固定格式，变量定义可以在子程序体外面创建；

▶任务实施

一、任务流程

新建文件夹→新建主程序→新建子程序。

二、具体操作

1.新建文件夹

点击 HSRobot 图标，选择“新建”按钮，如图 3-2 所示，选择文件夹将名字命名为“GJ”→点击“确定”按钮，如图 3-3 所示。

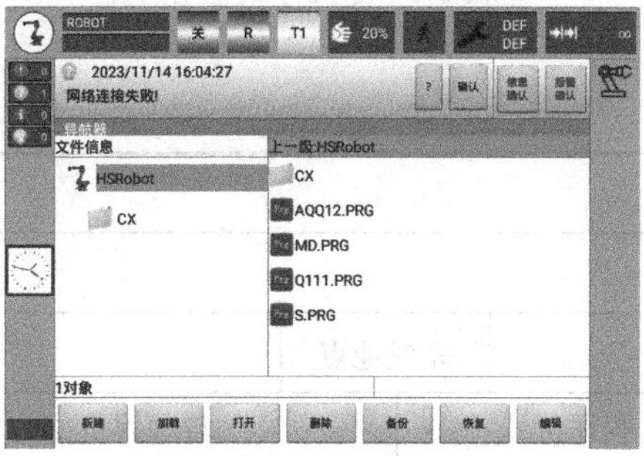

图 3-2　新建文件夹

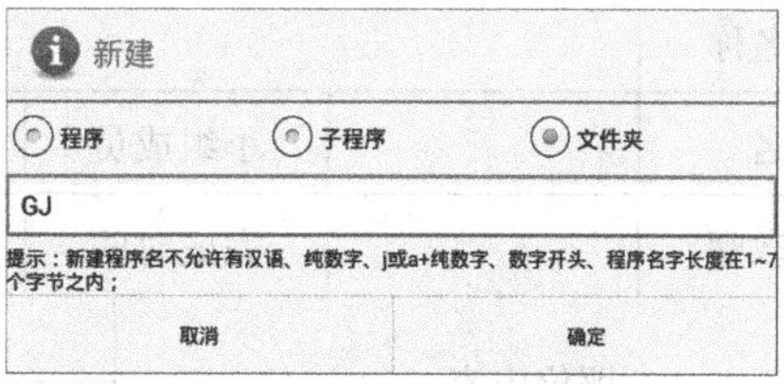

图 3-3　将文件命名为轨迹

已建立的轨迹文件夹如图 3-4 所示。

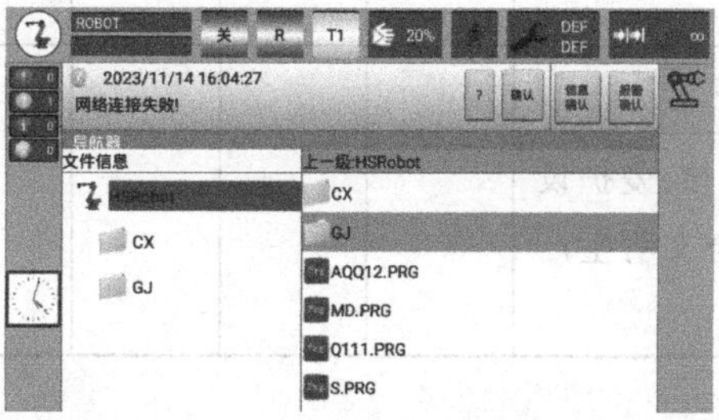

图 3-4　轨迹文件夹已经建立

2.新建主程序

点击“新建”按钮，选择主程序将名字命名为“ceshi”→点击“确定”按钮，如图 3-5 所示。此时名为“ceshi”的程序已经建好，如图 3-6 所示。

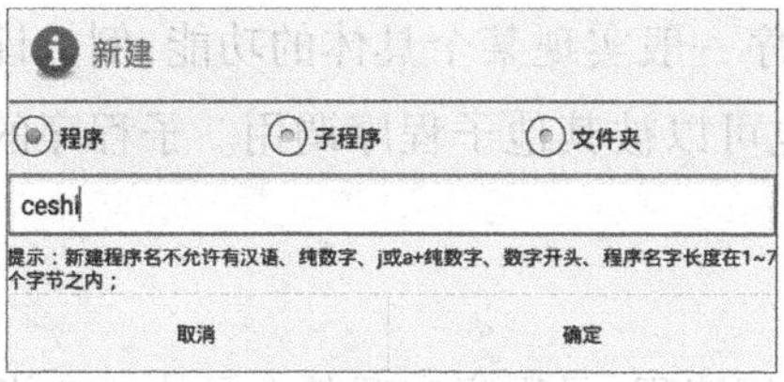

图 3-5　新建主程序

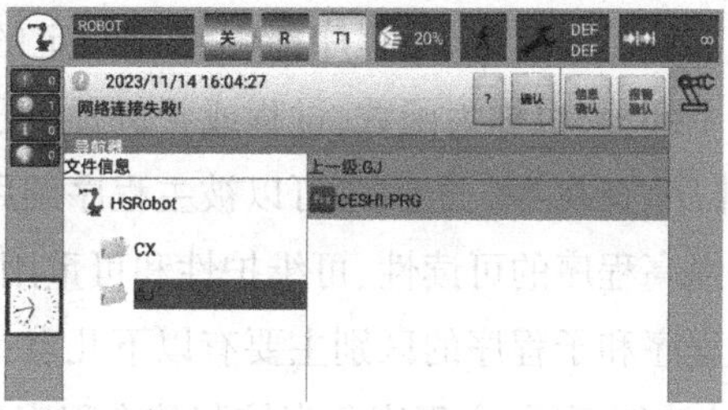

图 3-6　将程序命名成”ceshi”

3.新建子程序

点击“新建”按钮，如图 3-7 所示，选择主程序将名字命名为“ZCS”→点击“确定”按钮，如图 3-7 所示。此时名为“ZCS”的程序已经建好，如图 3-8 所示。

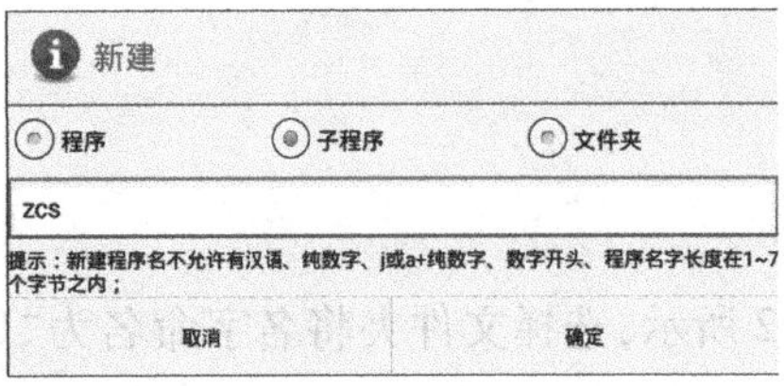

图 3-7　新建子程序

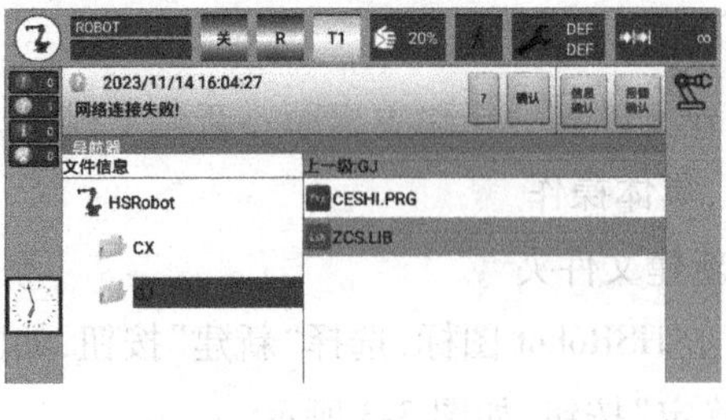

图 3-8　子程序的查看

▶任务评价

<table>
<tr><td>任务名称</td><td colspan="8"></td></tr>
<tr><td>姓名</td><td></td><td>小组成员</td><td colspan="6"></td></tr>
<tr><td>指导教师</td><td></td><td>完成时间</td><td colspan="2"></td><td>完成地点</td><td colspan="3"></td></tr>
<tr><td colspan="2" rowspan="2">评价内容</td><td colspan="3">自我评价</td><td colspan="4">教师评价</td></tr>
<tr><td>掌握</td><td>知道</td><td>再学</td><td>优</td><td>良</td><td>合格</td><td>不合格</td></tr>
<tr><td colspan="2">新建程序文件夹</td><td></td><td></td><td></td><td></td><td></td><td></td><td></td></tr>
<tr><td colspan="2">利用机器人示教器新建程序</td><td></td><td></td><td></td><td></td><td></td><td></td><td></td></tr>
<tr><td colspan="2">利用机器人示教器新建子程序</td><td></td><td></td><td></td><td></td><td></td><td></td><td></td></tr>
<tr><td colspan="2">工装整洁，工位干净；遵守纪律，爱护设备；全程操作规范，符合安全文明生产要求</td><td></td><td></td><td></td><td></td><td></td><td></td><td></td></tr>
</table>

▶任务拓展

主程序与子程序的区别

主程序是程序的入口，是程序的核心部分，负责控制整个程序的执行流程。主程序一般包含程序的初始化、输入输出、算法实现、错误处理等模块。主程序的主要作用是将程序的各个部分组合起来，使程序能够按照预定的流程执行，完成特定的任务。子程序是主程序的一个部分，也称为函数、过程或子例程。子程序一般实现某个具体的功能，例如计算平均值、排序、查找等。子程序可以被主程序调用，也可以被其他子程序调用。子程序的主要作用是提高程序的可读性、可维护性和可重用性。

主程序和子程序的区别主要有以下几点：

(1)功能不同：主程序负责控制整个程序的执行流程，子程序实现某个具体的功能。

(2)调用方式不同：主程序是程序入口，由操作系统直接调用；而子程序是由主程序或其他子程序调用的。

(3)执行顺序不同:主程序在程序开始时执行,子程序在被调用时执行。

任务二 寄存器指令和位置示教

▶任务描述

本任务介绍寄存器指令的使用方法,能够对寄存器值进行更改操作,同时也能够移动机器人对程序中的某个点进行示教操作。

▶相关知识

变量指令是用于用户定义自己需要的特殊名称和类型的变量,变量指令的特点如下。

①变量可分为全局变量 COMMON 指令和局部变量 DIM 指令,变量可用于程序中作为程序中的数据运算。

②变量可分为 SHARED 和不添加 SHARED 的变量,添加之后的变量表示的是共享变量。

③变量类型包括 LONG 类型、DOUBLE 类型、STRING 类型、JOINT 类型、LOCATION 类型和 ERROR 类型。

如图 3-9 所示,为创建 3 个变量,其中第 3、4 行为全局变量,第 8 行为局部变量;第 3 行:定义的是一个名叫 PICK 的可共享的用于存储直角坐标系(LOCATION)的全局变量。第 4 行:定义的是一个名叫 STATUS 的可共享的用于存储整数的全局变量,存储范围:-32767~+32768;第 8 行定义的是一个名叫 TYP 的用于存储整数的局部变量,存储范围:-65535~+65536。

```
1
2  '(ADD YOUR COMMON/COMMON SHARED VARIABLE HERE )
3  COMMON SHARED PICK AS LOCATION OF XYZYPR
4  COMMON SHARED STATUS AS LONG
5
6  PROGRAM
7  '(ADD YOUR DIM VARIABLE HERE )
8  DIM TYP AS DOUBLE
9
10 WITH ROBOT
11 ATTACH ROBOT
12 ATTACH EXT_AXES
13 WHILE TRUE
14 '(WRITE YOUR CODE HERE)
```

图 3-9 变量指令的使用示例

变量指令的使用步骤如下。

①选定需要添加变量的上一行;

②选择“指令→变量→全局变量或者局部变量”;

③在打开的对话框中选择“COMMON”或者“DIM”为全局或者是局部变量;

④选择设置该变量是否为 SHARED 属性,然后选择变量类型;

⑤在名字输入框中输入变量的名字,第二个输入框中输入变量的值(图 3-10);

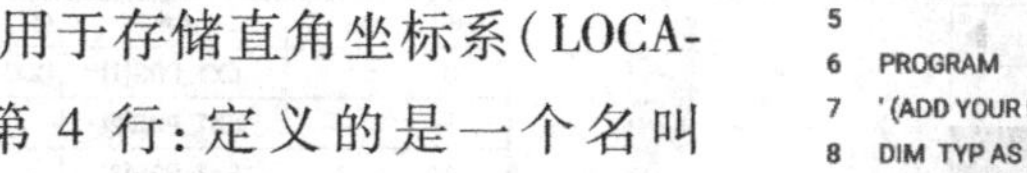

图 3-10 变量指令的添加

⑥点击操作栏的“确定”按钮完成变量的添加。

注意:COMMON SHARED 关键字和 DIM SHARED 关键字定义的变量放在程序文件的开头位置(PROGRAM 关键字的上方)。不允许在 PROGRAM 结构中定义 SHARED 变量。

DIM 关键字定义的变量必须放在程序结构中,例如 PROGRAM…END PROGRAM,SUB…END SUB,FUNCTION…END FUNCTION 中,且定义的位置必须紧跟 PROGRAM,SUB,FUNCTION 关键字的下一行,不允许在程序结构的其他位置定义局部变量。

▶任务实施

一、任务流程

EXT_PRG 变量显示与修改→REF 变量显示→IR 整型数值寄存器显示→DR 浮点型数值寄存器显示→JR 关节坐标寄存器显示→LR 关节坐标寄存器显示→ER 外部轴关节坐标寄存器显示→用户变量显示。

二、具体操作

1.EXT_PRG 变量显示

单击主菜单,选择显示,单击"变量列表"如图 3-11 所示。在弹出的菜单中选择 EXT,如图 3-12 所示,则此时选单变成了淡绿色,则可以通过修改来改变外部自动加载的程序,如图 3-13 所示。

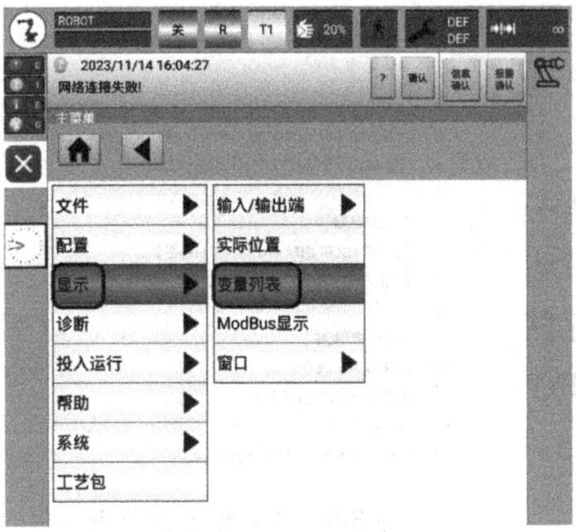

图 3-11　EXT_PRG 变量指令的添加

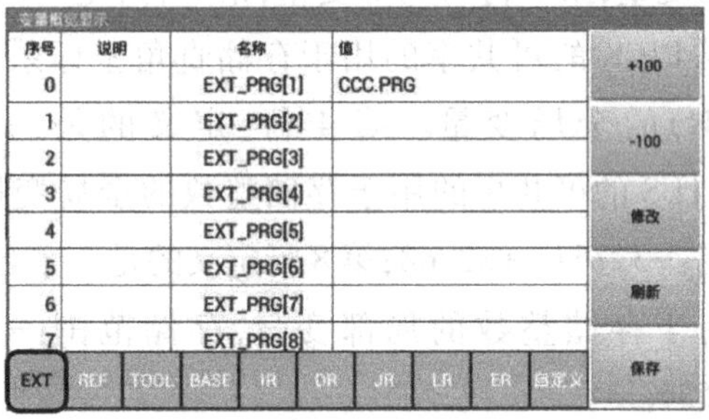

图 3-12　EXT_PRG 变量的显示

2.REF 变量显示

点击 REF 选项,显示 REF 变量,通过点击"修改"按钮可以手动或者记录位置的方式来获得点位,如图 3-14 所示。

REF 整型数值寄存器的修改如图 3-15 所示。

3.IR 整型数值寄存器显示

点击 IR 选项,显示 IR 变量,如图 3-16 所示,选中某一个具体变量后,通过点击"修改"按钮来修改 IR 寄存器,如图 3-17 所示。

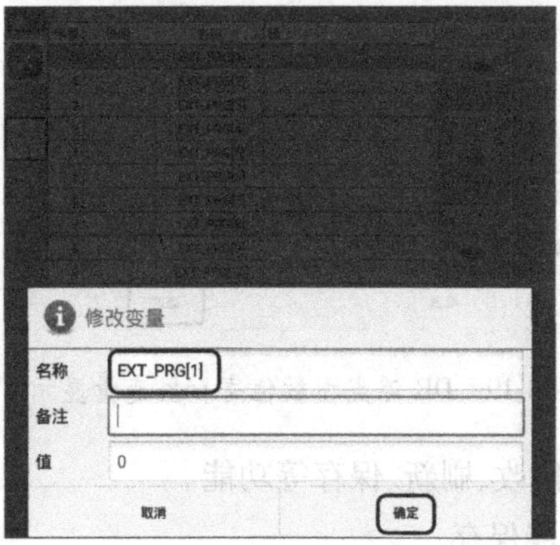

图 3-13　EXT-PRG 变量显示

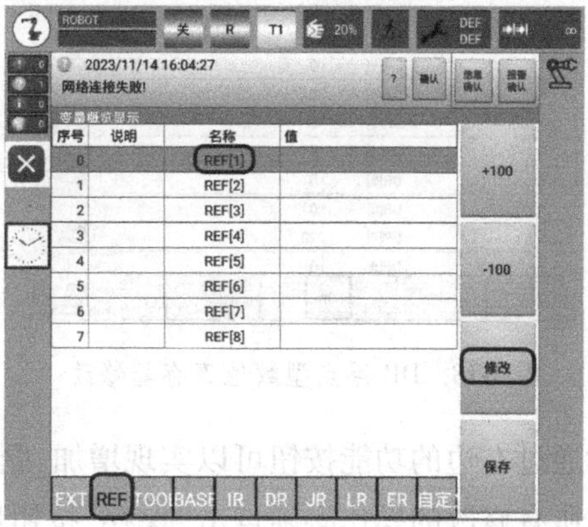

图 3-14　REF 变量修改步骤

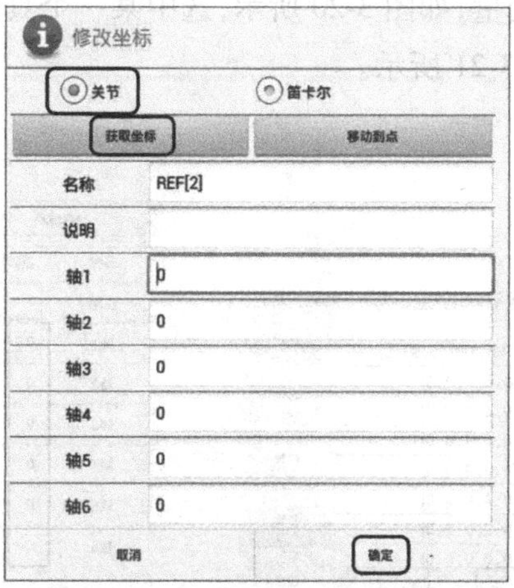

图 3-15　REF 整型数值寄存器的修改

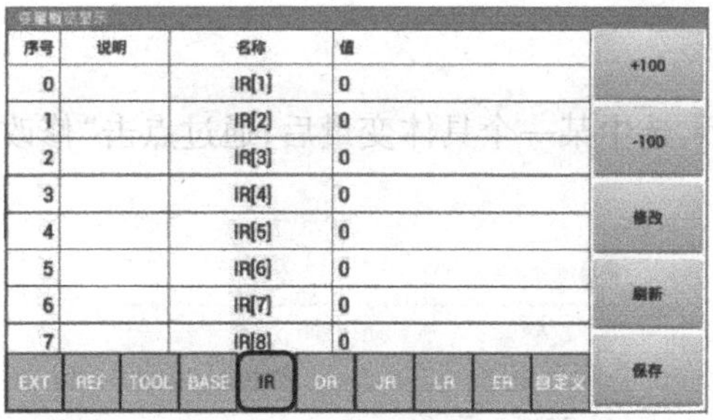

图 3-16　IR 整型数值寄存器值修改

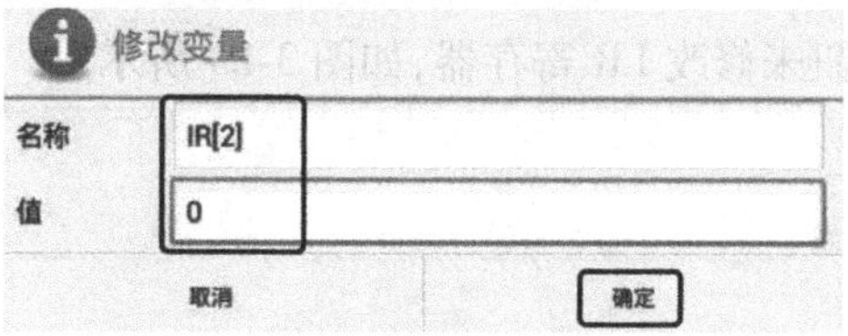

图 3-17　IR 整型数值寄存器值变量显示

4.DR 浮点型数值寄存器显示

点击 DR 选项，显示 DR 变量，如图 3-18 所示，选中某一个具体变量后，通过点击“修改”按钮来修改 DR 寄存器的值，如图 3-19 所示。

操作步骤：

①选择主菜单显示→变量列表，将显示相关变量列表。

②点击不同变量列表，则会显示相关变量。

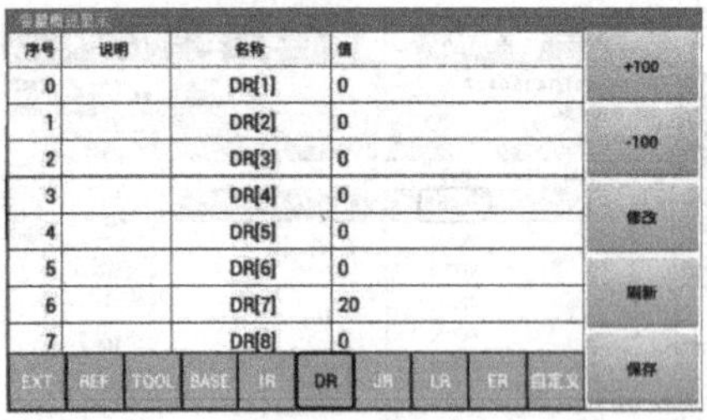

图 3-18　DR 浮点型数值寄存器修改

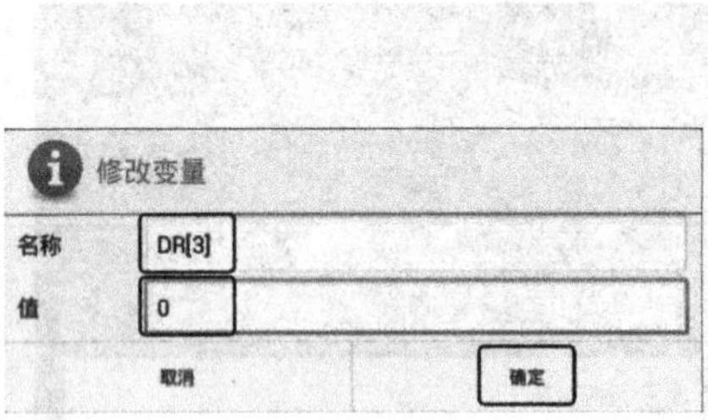

图 3-19　DR 浮点型数值寄存器变量显示

③通过右边的功能按钮可以实现增加、删除、修改、刷新、保存等功能。

④所有修改的操作必须点击“保存”按钮后才能保存。

5.JR 关节坐标寄存器显示

点击 JR 选项，显示 JR 变量，如图 3-20 所示，选中某一个具体变量后，通过点击“修改”按钮来修改 JR 寄存器，如图 3-21 所示。

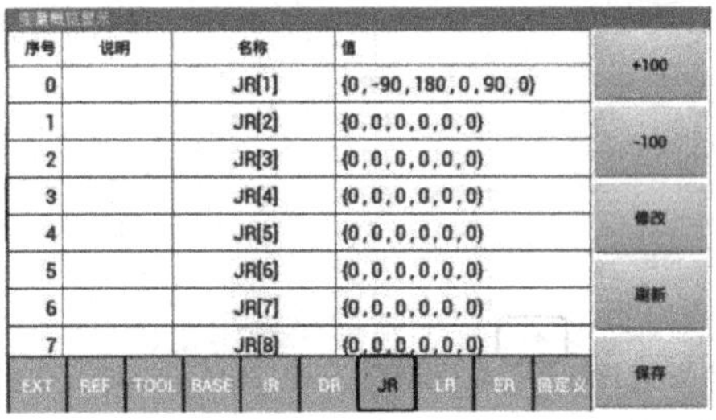

图 3-20　JR 关节坐标寄存器修改

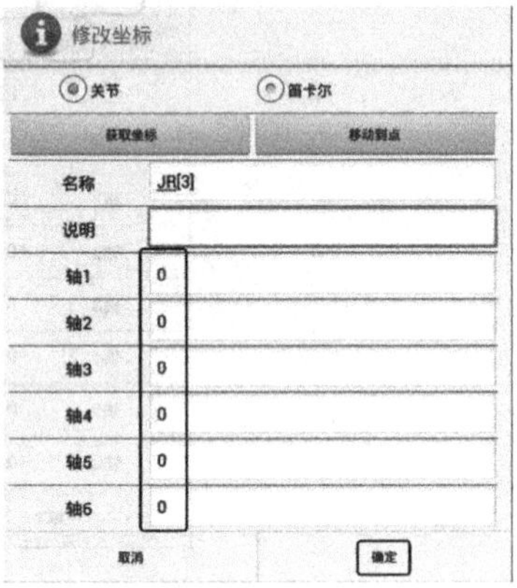

图 3-21　JR 关节坐标寄存器显示

6.LR 关节坐标寄存器显示

点击 LR 选项，显示 LR 变量，如图 3-22 所示，选中某一个具体变量后，通过点击“修改”按钮来修改 LR 寄存器，如图 3-23 所示。

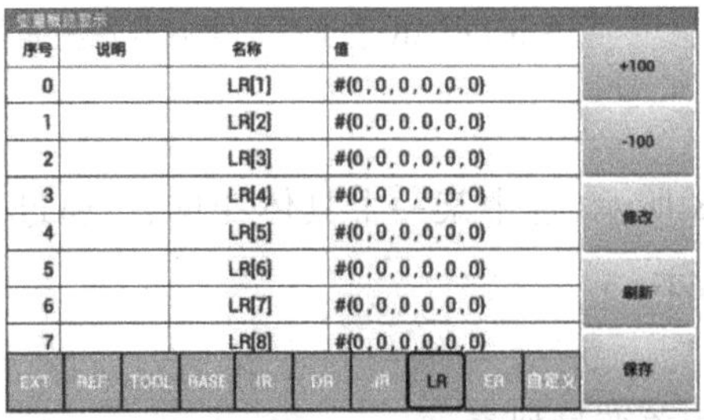

图 3-22　LR 关节坐标寄存器修改

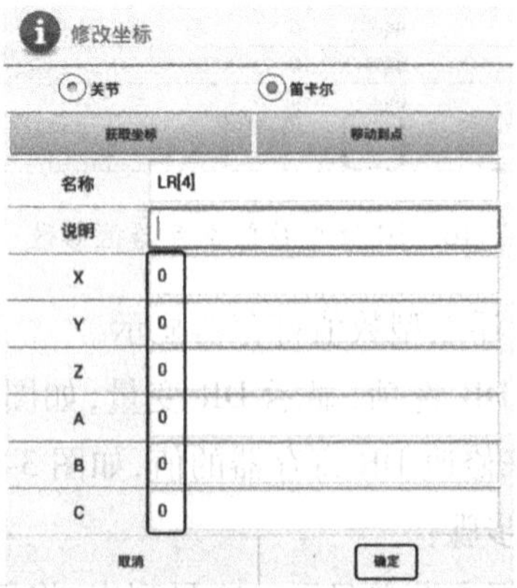

图 3-23　LR 关节坐标寄存器显示

7.ER 外部轴关节坐标寄存器显示

点击 ER 选项，显示 ER 变量，如图 3-24 所示，选中某一个具体变量后，通过点击“修改”按钮来修改 ER 寄存器，如图 3-25 所示。

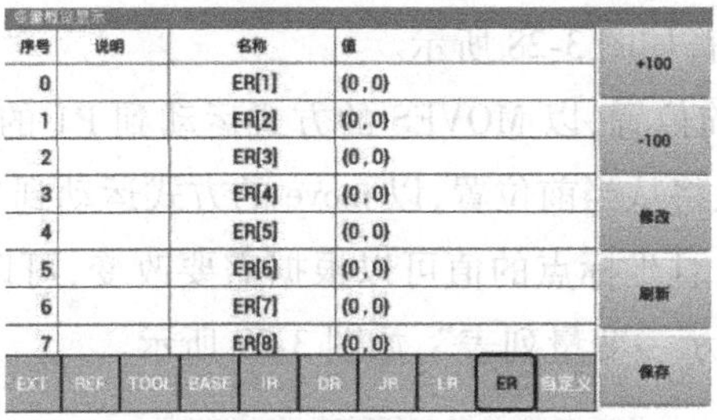

图 3-24　ER 外部轴关节坐标寄存器修改

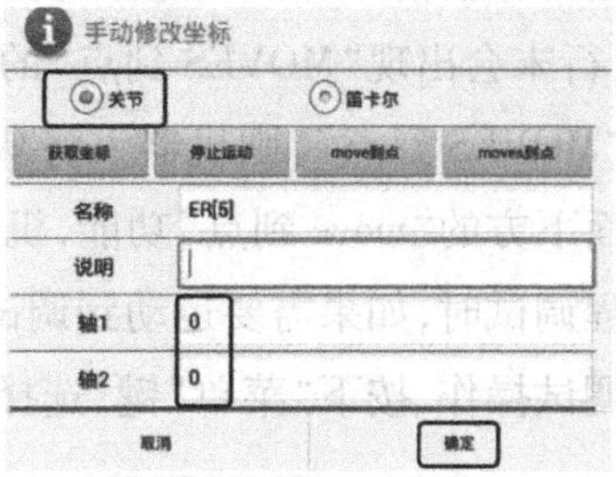

图 3-25　ER 外部轴关节坐标寄存器显示

8.用户变量显示

点击用户变量选项，显示用户变量，如图 3-26 所示，选中某一个具体变量后，可以对用户变量进行增、删、改等操作，如图 3-27 所示。

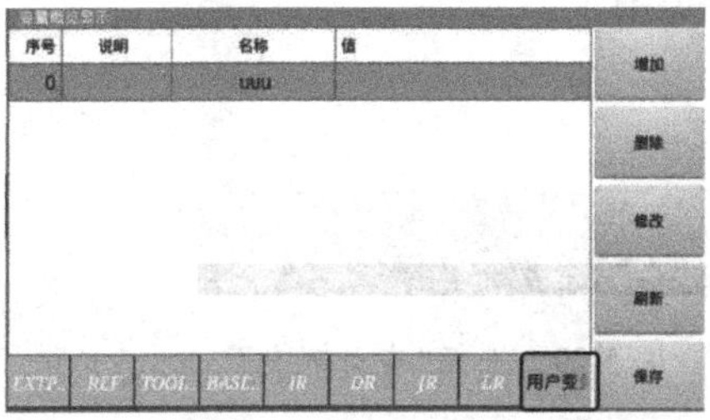

图 3-26　用户变量显示修改

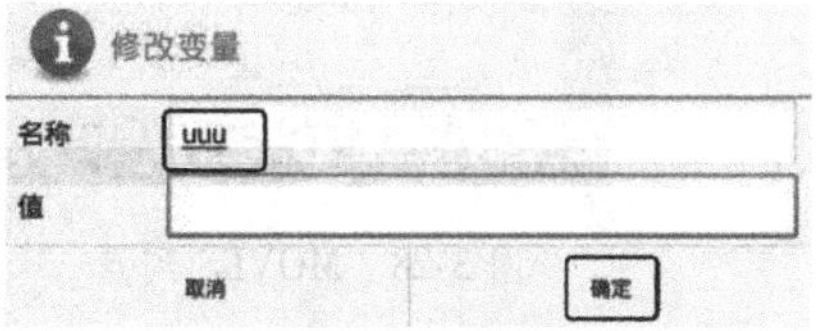

图 3-27　用户变量显示

▶任务评价

任务名称					
姓名		小组成员			
指导教师		完成时间		完成地点	

评价内容	自我评价			教师评价			
	掌握	知道	再学	优	良	合格	不合格
EXT_PRG 变量显示							
REF 变量显示							
DR 浮点型数值寄存器显示							
JR 关节坐标寄存器显示							
LR 关节坐标寄存器显示							
ER 外部轴关节坐标寄存器显示							
工装整洁，工位干净；遵守纪律，爱护设备；全程操作规范，符合安全文明生产要求							

▶任务拓展

运动到点功能

在使用寄存器指令时，可以使用机器人的运动到点功能。方法如下选中具有点位信息的代码行，行末会出现“MOVES 到点”的按钮，如图 3-28 所示。

点击“MOVES 到点”，则机器人将从当前位置，以 MOVES 的方式运动到 P1 的位置，也可点击页面下方的“move 到点”功能，机器人将从当前位置，以 move 的方式运动到 P1 点。

在工程调试时，如果需要运动到调试点，且坐标点的值可以根据需要改变，可以使用寄存器进行调试操作，按下“菜单”键，选择“显示→变量列表”，如图 3-29 所示。

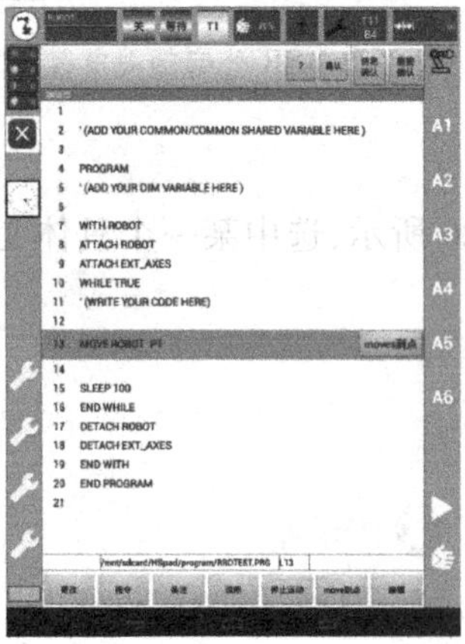

图 3-28　MOVES 到点

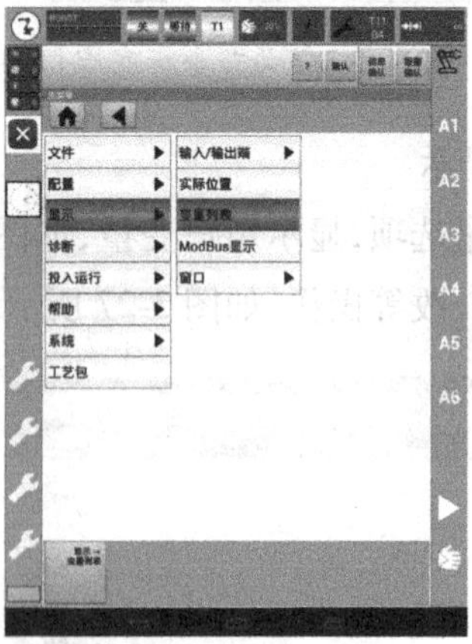

图 3-29　选择“变量列表”

选择需要存放坐标数据的一栏，比如 JR、LR（外部轴可以选择 ER），选择其中保存有数据的变量，点击右方“修改”，如图 3-30 所示。

在弹出对话框的顶部，可以看到“move 到点”“moves 到点”的选项，然后点击相关的选项按钮即可，如图 3-31 所示。

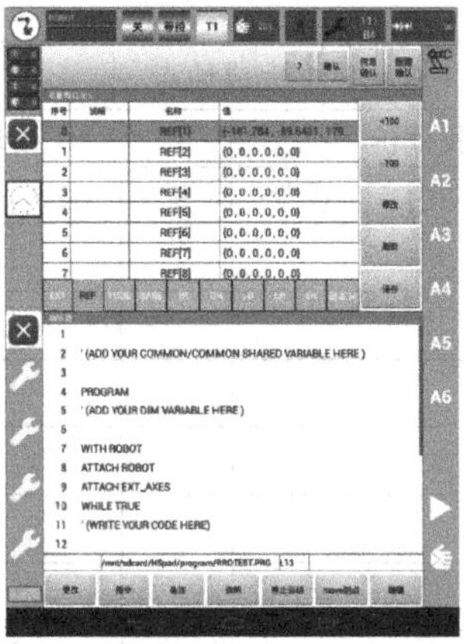

图 3-30　修改坐标数据

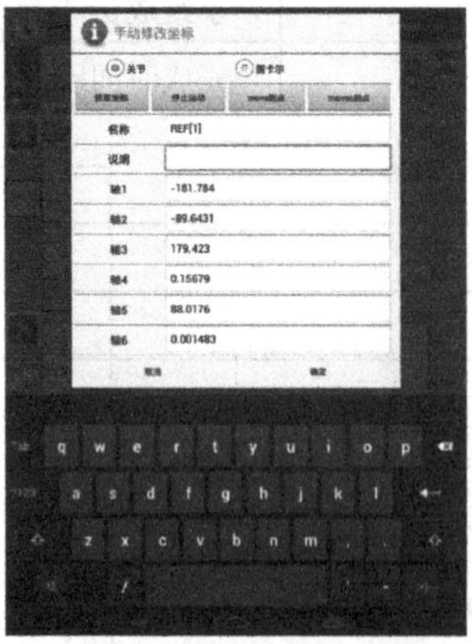

图 3-31　选择运动选项

任务三 轨迹绘制编程

▶任务描述

本任务重点讲解机器人运动指令的基本用法，机器人运动指令的添加方法，以及机器人运动指令编写程序步骤。

▶相关知识

1.MOVE 指令

MOVE 指令以单个轴或某组轴（机器人组）的当前位置为起点，移动某个轴或某组轴（机器人组）到目标点位置。移动过程不进行轨迹以及姿态控制。

MOVE 指令包含一系列的可选属性——VCRUISE、ABS、ACC、DEC、STARTTYPE 等，如图 3-32所示。属性设置后，仅针对当前运动有效，该运动指令行结束后，恢复到默认值。如果不设置参数，则使用各参数的默认值运动。

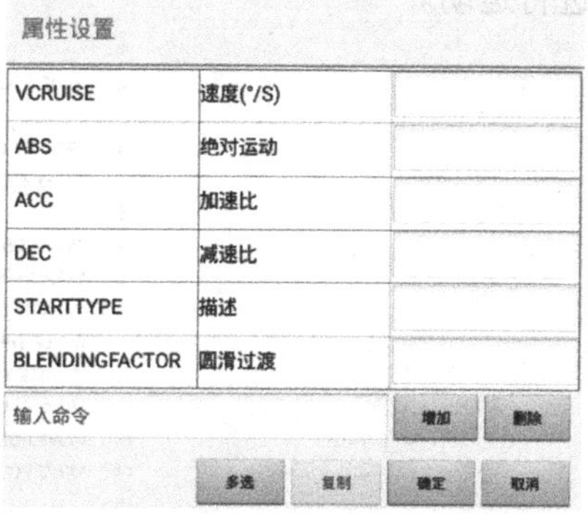

图 3-32 运动指令属性设置

MOVE 指令的使用方法：在程序编辑界面依次点击“指令→运动指令→MOVE”，界面将弹出如图 3-33 所示的窗口；我们可以选择使用临时点位寄存器“P 点”点击“记录关节”或“记录笛卡尔”，这样获得的 P 点坐标系就是关节或笛卡尔；也可以点击“选择寄存器”，选择全局位置寄存器的 JR 或 LR。点击如图 3-34 所示的“参数”即可进入上述属性设置界面进行参数设定。

图 3-33 运动指令 MOVE 输入

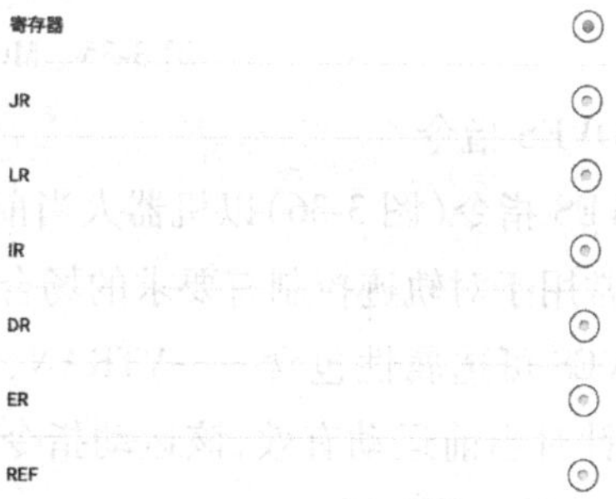

图 3-34 全局变量寄存器

在这里将给大家介绍两类位置寄存器，临时点位寄存器“P 点”和全局点位寄存器“JR[ ]/LR[ ]”，两种位置寄存器具体性质见表 3-1。

表 3-1　位置寄存器的对比

寄存器名称	数据类型	有效范围	坐标系	示例
P 点	多维数组	只在当前程序有效，即局部变量	轴坐标系/笛卡尔坐标系	P1,P2,P3,…
JR[ ]		在整个示教器中通用，即全局变量	轴坐标系	JR[1],JR[2],JR[3],…
LR[ ]			笛卡尔坐标系	LR[1],LR[2],LR[3],…

MOVE 指令的使用示例：如图 3-35 所示程序，运行到第 12 行时机器人以关节运动方式到达 P1 点，第 13 行以关节运动的方式运动到 JR[1]点，在执行这两行程序时机器人都是以默认参数进行移动，第 14 行程序机器人以 100°/s 的速度、加速比和减速比均为 80 的参数进行运动。

```
1
2  '(ADD YOUR COMMON/COMMON SHARED VARIABLE HERE)
3
4  PROGRAM
5  '(ADD YOUR DIM VARIABLE HERE)
6
7  WITH ROBOT
8  ATTACH ROBOT
9  ATTACH EXT_AXES
10 WHILE TRUE
11 '(WRITE YOUR CODE HERE)
12 MOVE ROBOT  P1
13 MOVE ROBOT  JR[1]
14 MOVE ROBOT  LR[1] ACC=80 DEC=80 VCRUISE=100
15
16
17 SLEEP 100
18 END WHILE
19 DETACH ROBOT
20 DETACH EXT_AXES
21 END WITH
22 END PROGRAM
```

图 3-35　MOVE 指令使用程序示例

2.MOVES 指令

MOVES 指令(图 3-36)以机器人当前位置为起点，控制其在笛卡尔空间范围内进行直线运动，常用于对轨迹控制有要求的场合。该指令的控制对象只能是机器人组。

MOVES 可选属性包含——VTRAN、ATRAN、DTRAN、VROT、AROT、DROT 等。属性设置后，仅针对当前运动有效，该运动指令行结束后，恢复到默认值。如果不设置参数，则使用各参数的默认值运动。

MOVES 指令的使用与 MOVE 指令的使用基本一致，具体步骤如下：

①标定需要插入的行的上一行。

②选择指令→运动指令→MOVES。

③选择机器人轴或者附加轴。

④输入点位记录，即新增点的名称。

⑤配置指令的参数。

⑥手动移动机器人到需要的姿态或位置。

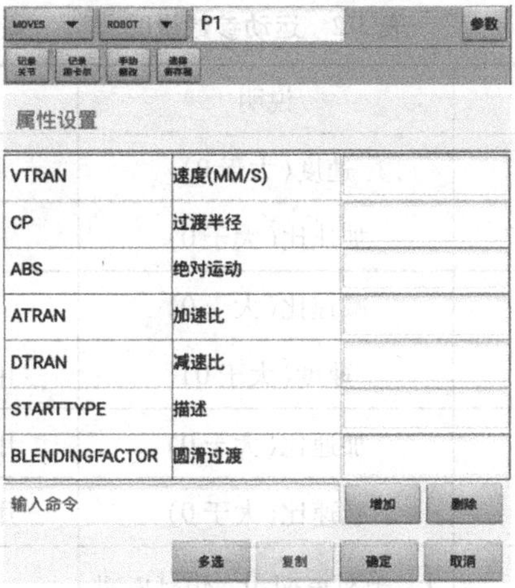

图 3-36　MOVES 指令

⑦选中输入框后,点击记录关节或者记录笛卡尔坐标。

⑧点击操作栏中的“确定”按钮,添加 MOVES 指令完成。

3.CIRCLE 指令

CIRCLE 指令(图 3-37)以当前位置为起点,以 CIRCLEPOINT 为中间点,以 TARGET-POINT 为终点,控制机器人在笛卡尔空间进行圆弧轨迹运动,同时附带姿态的插补。机器人示教圆弧的当前位置与选择的两个点形成一个圆弧,即三点画圆。

CIRCLE 指令的使用步骤如下:

①标定需要插入的行的上一行。

②选择“指令→运动指令→CIRCLE”。

③选择机器人轴或者附加轴。

④点击 CirclePoint 输入框,移动机器人到需要的姿态点或轴位置,点击记录关节或者记录笛卡尔坐标,记录 CirclePoint 点完成。

⑤点击 TargetPoint 输入框,手动移动机器人到需要的目标姿态或位置。点击记录关节或者记录笛卡尔坐标,记录 TargetPoint 点完成。

⑥配置指令的参数。

⑦点击操作栏中的“确定”按钮,添加 CIRCLE 指令完成。

CIRCLE 指令使用示例:如图 3-38 所示中机器人先直线运行至 LR[1],并以此点作为圆弧的起点,以 P1 点作为圆弧的中间点,以 P2 点作为圆弧的终点,通过三点确定一段圆弧,在圆弧运动的过程中附带机器人的姿态变化。

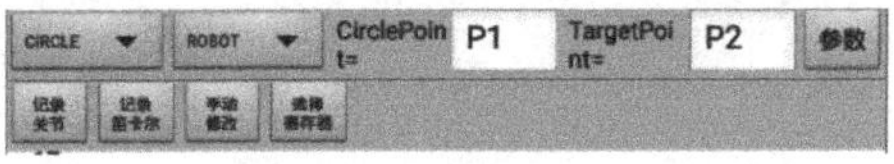

图 3-37　CIRCLE 指令

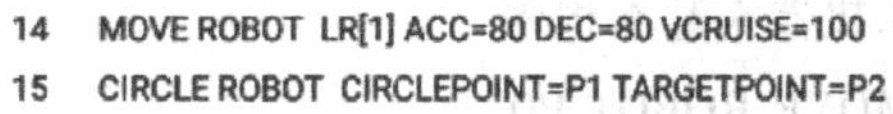

图 3-38　CIRCLE 指令使用程序示例

运动参数说明见表 3-2。

表 3-2 运动参数说明

名称	说明	备注
VCRUISE	速度(大于0)	用于 MOVE
ACC	加速比(大于0)	用于 MOVE
DEC	减速比(大于0)	用于 MOVE
VTRAN	速度(大于0)	用于 MOVES
ATRAN	加速比(大于0)	用于 MOVES
DTRAN	减速比(大于0)	用于 MOVES
ABS	1—绝对运动,0—相对运动	

▶任务实施

一、任务流程

利用运动指令画如图 3-39 所示的心形轨迹。

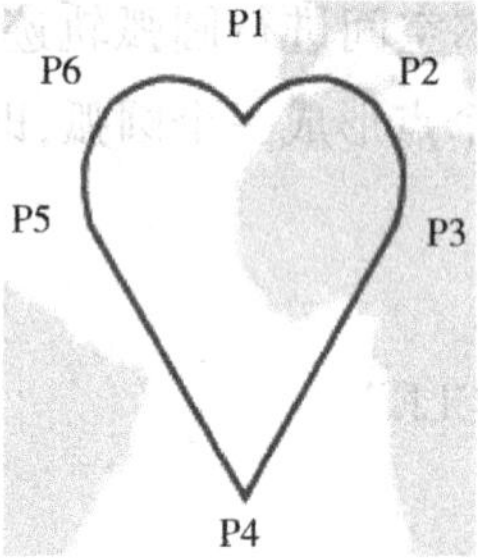

图 3-39 心形轨迹图

二、具体实施

1.编程思路

轨迹的运动路径是 P0→P1→P2→P3→P4→P5→P6→P1→P0,其中 P0 是远距离的运动,选用指令为 MOVE,而机器人运行到 P1 点时应采用 MOVES,P2、P3 点是圆弧故采用圆弧指令 CIRCLE,P4 点为直线,P5 点为直线,P6、P1 点为圆弧。运动指令输入如图 3-40 所示。

2.基本流程图

基本流程图如图 3-41 所示。

3.机器人基本程序

```
MOVE ROBOT P0
MOVES ROBOT P1
CIRCLE   ROBOT   CIRCLEPOINT=P2
TARGETPOINT=P3
```

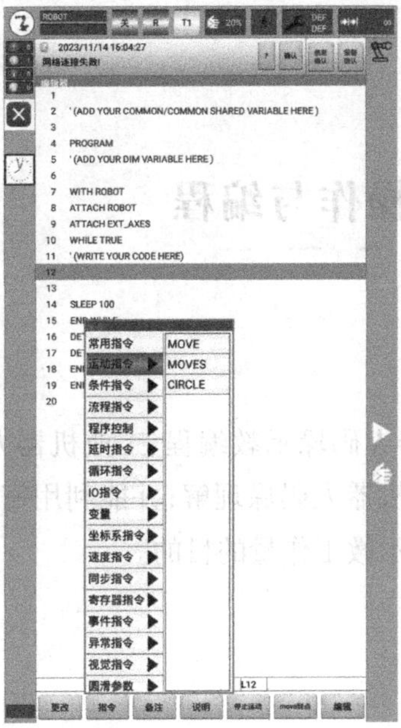

图 3-40　运动指令输入

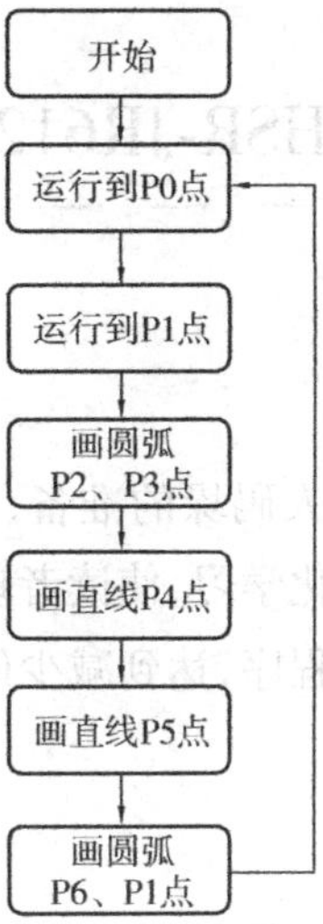

图 3-41　基本流程图

```
MOVES ROBOT P4
MOVES ROBOT P5
CIRCLE   ROBOT   CIRCLEPOINT=P6
TARGETPOINT=P1
MOVE P0 80%
END
```

▶知识拓展

Move 指令控制机器人进行关节运动，MOVES 和 CIRCLE 指令则控制机器人进行笛卡尔空间的插补运动（直线、圆弧）。MOVE 指令相对于 MOVES 以及 CIRCLE 指令来说，其优点是可以让机器人拥有更快的移动速度，缺点是该指令只能确保机器人到目标点的位置，不能控制机器人在运行过程中的轨迹；而 MOVES 和 CIRCLE 指令会对机器人进行精确的轨迹以及姿态控制，但是这两个指令的运行速度较 MOVE 指令来说会慢一些。因此，在运动空间比较开阔，较少障碍物的情况下，使用 MOVE 指令控制机器人运动；在需要精确控制机器人运动轨迹，如进入某一狭小空间操作时，使用 MOVES 或 CIRCLE 指令严格控制机器人轨迹会更安全。

项目四　HSR-JR612 码垛操作与编程

▶**项目描述**

通过工业机器人码垛的准备、工业机器人码垛示教编程、工业机器人码垛程序优化三个任务的理实一体化学习，使读者理解工业机器人码垛理解，并能利用寄存器指令、条件指令和循环指令优化程序，达到减少码垛点位示教工作量的目的。

▶**学习目标**

知识目标

掌握码垛机器人的知识；

掌握 HSR-JR612 机器人操作与编程方法；

掌握寄存器指令编程方法。

技能目标

能够熟练使用 HSR-JR612 相关指令；

能够熟练应用输入/输出条件等待指令编制程序；

能够完成码垛操作的示教。

任务一　工业机器人码垛的准备

▶**任务描述**

本任务主要介绍码垛机器人的基本知识，进一步熟悉码垛工具。笛卡尔坐标系下物料在空间方向上的关系由三部分内容组成，通过合理布局、物料空间方向的认识，为实现机器人物料不同类型垛形的码垛基本示教编程做好准备。

▶**相关知识**

码垛机器人是经历人力码垛、码垛机码垛两个阶段而出现的自动化码垛作业智能化设备。码垛机器人的出现，不仅可改善劳动环境，而且对减轻劳动强度，保证人身安全，降低能耗，减少辅助设备资源，提高劳动生产率等方面具有重要意义。码垛机器人可使运输工业加快码垛效率，提升物流速度，获取整齐统一的物垛，减少物料破损与浪费。因此，码垛机器人将逐步取代传统码垛机以实现生产制造“新自动化、新无人化”，码垛行业也因码垛机器人出现而步入“新起点”。

一、码垛机器人的分类及特点

码垛机器人作为新的智能化码垛装备，具有作业高效、码垛稳定等优点，可解放工人的繁重体力劳动，已在各个行业的包装物流线中发挥重大作用。归纳起来，码垛机器人主要优点有：

①占地面积小，动作范围大，减少工厂资源浪费。

②能耗低，降低运行成本。

③提高生产效率，解放繁重体力劳动，实现“无人”或“少人”码垛。

④改善工人劳作条件，摆脱有毒、有害环境。

⑤柔性高、适应性强，可实现不同物料码垛。

⑥定位准确，稳定性高。

码垛机器人同样为工业机器人当中的一员，其结构形式和其他类型机器人相似（尤其是搬运机器人），码垛机器人与搬运机器人在本体结构上没有过多区别，通常可认为码垛机器人本体比搬运机器人大，在实际生产当中码垛机器人大多为四轴且多数带有辅助连杆，连杆主要起增加力矩和平衡的作用，码垛机器人大多不能进行横向或纵向移动，安装在物流线末端，故常见的码垛机器人结构大多为关节式码垛机器人、摆臂式码垛机器人和龙门式码垛机器人。

二、码垛机器人的系统组成

码垛机器人同搬运机器人一样需要相应的辅助设备组成一个柔性化系统，才能进行码垛作业，主要包括机器人和码垛系统。以关节式为例，常见的码垛机器人主要由操作机、控制系统、码垛系统（气体发生装置、液压发生装置）和安全保护装置组成。操作者可通过示教器和操作面板进行码垛机器人运动位置和动作程序的示教，从而设定运动速度、码垛参数等。

关节式码垛机器人常见本体多为四轴，也有五轴、六轴码垛机器人，但在实际包装码垛物流线中五轴、六轴码垛机器人相对较少。码垛主要在物流线末端进行，码垛机器人安装在底座（或固定座）上，其位置的高低由生产线高度、托盘高度及码垛层数共同决定，多数情况下，码垛精度的要求没有机床上下料搬运精度高，因此其可以节约成本、降低投入资金、提高效益。

码垛机器人的末端执行器是夹持物品移动的一种装置，其原理结构与搬运机器人类似，常见形式有吸附式、夹板式、抓取式和组合式。

1.吸附式

在码垛中，吸附式末端执行器主要为气吸附，广泛应用于医药、食品、烟酒等行业。

2.夹板式

夹板式手爪是码垛过程中最常用的一类手爪，常见的夹板式手爪有单板式和双板式。手爪主要用于整箱或规则盒码垛，可用于各行各业，夹板式手爪夹持力度比吸附式手爪大，可一次码一箱（盒）或多箱（盒），并且两侧板光滑不会损伤所码产品的外观质量。单板式与双板式的侧板一般都有可旋转爪钩，需用单独机构控制，工作状态下爪钩与侧板垂直，起到撑托物件，防止在高速运动中物料脱落。

3.抓取式

抓取式手爪可灵活适应不同形状和内含物（如大米、塑料、水泥、化肥等）物料袋的码垛。

4.组合式

组合式是通过组合以获得各单组手爪优势的一种抓手，灵活性大，各单组手爪之间既可单独使用又可配合使用，同时满足多个工位的码垛。

码垛机器人手爪的动作需单独外力进行驱动，同搬运机器人一样，需要连接相应外部信号控制装置及传感系统，以控制码垛机器人手爪实时的动作状态及力的大小，其手爪驱动方式多为气动和液压驱动。通常在保证相同夹紧力情况下，气动比液压负载轻、卫生、成本低、易获取，故实际码垛中以压缩空气为驱动力的居多。

▶任务实施

一、码垛的垛型认知

物品码垛是指根据物品的包装、外形、性质、特点、种类和数量，结合季节和气候情况，以及储存时间的长短，将物品按一定的规律码成各种形状的货垛。堆码的主要目的是便于对物品进行维护、查点等管理和提高仓库利用率，常见码垛的垛形如图 4-1 所示。

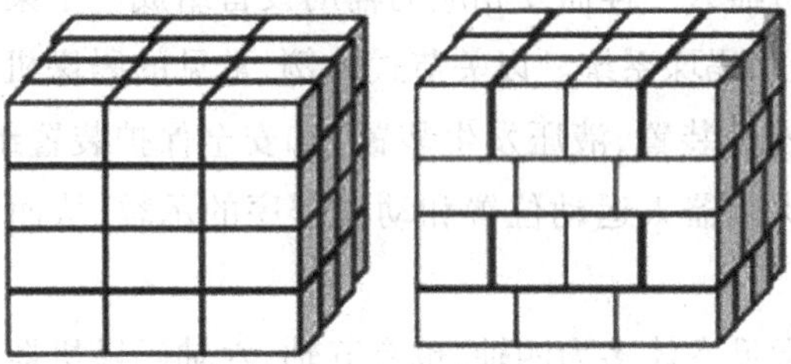

（a）重叠式码垛　（b）纵横交错式堆码

图 4-1　码垛垛形图

1.重叠式码垛

各层码放方式相同，上下对应。这种方式的优点是，操作速度快，包装货物的四个角和边重叠垂直，承载能力大。缺点是各层之间缺少咬合作用，容易发生塌垛。

2.纵横交错式堆码

相邻摆放旋转 90°，一层横向放置，另一层纵向放置。每层间有一定的咬合效果，但咬合强度不高。

二、码垛工作台的准备

1.码垛工作台介绍

码垛工作台由码垛面板和码垛物料块组成，码垛面板分为物料放置位和码垛工位，根据平台码垛功能的要求，选择码垛模块、物料模块和工具模块，安装在码垛平台上，安装布局如图 4-2 所示。

2.码垛台及物料尺寸介绍

码垛工作平台垛形摆放位置为长 66 mm、宽 66 mm 的凹槽，长方形物料尺寸为长

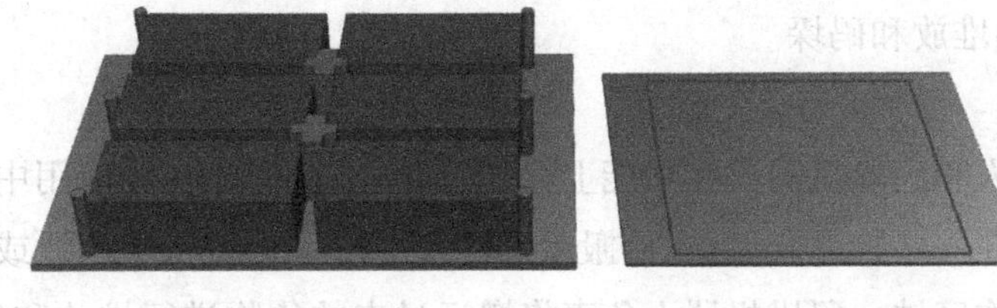

图 4-2　码垛基础模块

65 mm、宽 55 mm、厚 35 mm。

三、物料空间位置关系认知

工业机器人在对码垛工作台上物料进行码垛时，如何快速定位各个物料的位置，物料在空间位置上是否有关联。以标好序号的料台为例，示教器移动到 1 号物料位置后，其他物料示教位置只需要在操作机器人以 1 号位置为基础，向 X 方向或者 Y 方向上移动。

当机器人与码垛工作台以机器人的笛卡尔坐标系为参考时，可知长方形 1 号物料在长方形 2 号物料的 Y-方向，而长方形 3 号物料在长方形 2 号物料的 Y+方向，长方形 7 号物料在长方形 2 号物料的 X-方向。

注意：机器人和码垛平台相对位置发生变化时，2 号物料和 7 号物料相对 1 号物料位置偏移方向也会不同。

▶任务评价

任务名称							
姓名		小组成员					
指导教师		完成时间		完成地点			
评价内容	自我评价			教师评价			
	掌握	知道	再学	优	良	合格	不合格
认识码垛							
码垛块的大小							
规划码垛工具与码垛方式							

▶任务拓展

码垛机器人与搬运机器人的区别

1.功能区别

搬运机器人主要用于将货物从一个位置搬运到另一个位置。它们通常配备有机械臂或传送带等装置，可以自动抓取、提升和放置货物。搬运机器人的主要任务是安全高效地搬运货物、分拣和转运等。

码垛机器人则专注于堆放和码垛操作。它们能够根据预设的规则和算法，将货物按照特定的形式和顺序进行整齐地堆叠。码垛机器人通常具有更高级的视觉系统和精确的定位能力，以实现准确堆放和码垛。

2.应用联系

尽管搬运机器人和码垛机器人在功能上存在差异，但它们在实际应用中仍然有联系和相互配合的情况。在一些物流仓储中心，搬运机器人可以将货物从生产线或指定区域搬运到码垛机器人的工作区域。码垛机器人负责将搬运过来的货物进行堆放和码垛操作，以完成整个物流流程的自动化。这种协作可以提高效率和准确性，并降低人工参与的成本和风险。此外，搬运机器人和码垛机器人还可以与其他自动化设备和系统进行集成，例如传送带、分拣系统等，共同构建更完整的物流自动化解决方案。综上所述，搬运机器人和码垛机器人在物流自动化领域扮演着不可或缺的角色。

搬运机器人和码垛机器人的使用可以带来多方面的好处。首先，它们能够减少人力投入并增加生产线或仓库的自动化程度。这意味着企业可以节约成本、提高生产效率，并且减少人为错误的可能性，从而提高产品质量和客户满意度。

其次，搬运机器人和码垛机器人的使用还可以改善工作环境的安全性。传统的搬运和堆垛任务对工人来说往往是重复性和劳动强度较高的工作，容易导致人为错误和身体损伤。而机器人的使用可以使这些任务由机器完成，从而减少了工人的劳动强度，提高了工作环境的安全性。

最后，由于搬运机器人和码垛机器人具有更高的精确性和稳定性，它们可以在狭小的空间中操作，提高物流和仓储的空间利用率。这对于一些有限空间的生产线和仓库来说尤为重要，可以更好地满足企业的需求。然而，搬运机器人和码垛机器人的引入也面临一些挑战。首先，机器人的成本相对较高，对于中小型企业来说可能存在资金压力。其次，机器人的部署和维护需要专业知识和技能，这对于企业来说可能需要额外投入人力和培训。

总体而言，搬运机器人和码垛机器人在物流自动化中发挥着重要作用。它们通过减少人工参与、提高效率和准确性，改善工作环境安全性，并优化空间利用等方面，为企业带来多方面的好处。随着技术的不断进步，这些机器人的应用前景将会更加广阔，为物流行业的发展带来更多机遇和挑战。

任务二　工业机器人金字塔码垛示教与编程

▶任务描述

本任务主要理解码垛的逻辑算法，并能利用寄存器指令完成码垛任务的简单编程，实现工业机器人的长方形物料金字塔重叠式码垛任务。

▶相关知识

一、IF…THEN…ELSE 指令

IF…THEN…END IF 指令组的含义是“(IF)如果……成立，则(THEN)……”。该指令用来控制程序在某条件成立的情况下，才执行相应的操作。ELSE 表示当 IF 后面跟的条件不成立时，会执行其后面的程序语句。

IF 指令示例如图 4-3 所示。

```
IF IR[1]>=2 THEN
MOVES ROBOT LR[5]
D_OUT[2] = ON
ELSE
MOVES ROBOT LR[10]
D_OUT[4] = ON
END IF
```

图 4-3　IF 指令示例

如图 4-3 所示的程序中，如果满足 IR[1]的值大于等于 2 这个条件，则执行直线运动到 LR[5]然后将 D_OUT[2]置为 ON，如果不满足这个条件则执行直线运动到 LR[10]然后将 D_OUT[4]置为 ON，IF…THEN…END IF 指令的使用方法如下：

①选定需要添加 IF 指令的前一行。

②选择“指令→条件指令→IF”。

③点击“选项”，此时可以增加、删除、修改条件，在记录该语句时会按照添加顺序依次连接条件列表。

IF 指令条件如图 4-4 所示。

④点击操作栏中的“确定”按钮，添加 IF 指令完成，如图 4-5 所示。

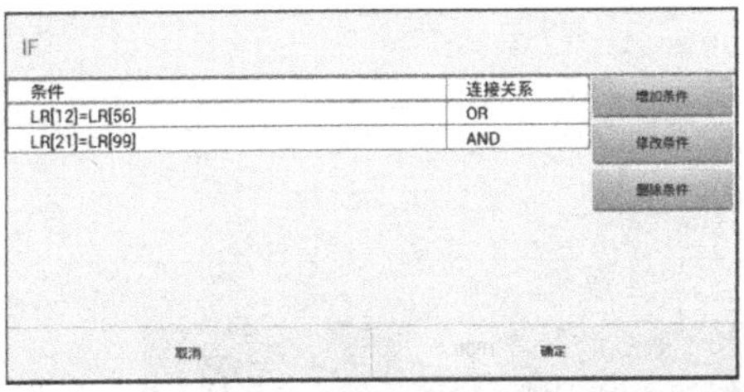

图 4-4　IF 指令条件

图 4-5　IF 指令添加

二、延时指令

（1）DELAY 指令

DELAY 指令用来完成机器人的延时运动，最小延时时间为 2，单位为 ms。

如图 4-6 所示为 DELAY 指令的用法，机器人运行到 JR[1]后延时等待 1 s 的时间。

DELAY 指令使用步骤：

①选中需要延时行的上一行。

②选择“指令→延时指令→DELAY”。

③选择指定的运动对象（机器人或外部轴）。

④编辑 DELAY 后的延时毫秒数。

⑤点击操作栏中的“确定”按钮，完成延时指令的添加，如图 4-7 所示。

```
MOVE ROBOT JR[1]
DELAY ROBOT 1000
```

图 4-6　DELAY 指令的使用

图 4-7　DELAY 指令的添加

注意：DELAY 指令只有对运动指令生效。若当前指定的运动对象无运动，则 DELAY 指令无效。

(2)SLEEP 指令

SLEEP 指令是针对非运动指令的延时指令,最短延时时间为 1,单位为 ms。如图 4-8 所示,框 1 中假设机器人运动到 JR[1]所需时间为 500 ms,SLEEP 延时只有 100 ms,所以在机器人还没到达 JR[1]程序就将 D_OUT[4]置为 ON 了,这种延时一般不能达到控制要求,因此一般不用此方法。图 4-8 框 2 中机器人运动到 JR[1]后需要等待 1 000 ms,再将 D_OUT[4]置为 ON,然后程序延时 2 000 ms 再将 D_OUT[5]置为 ON,这种控制方法能达到时序控制要求,因此使用最广泛。

SLEEP 指令的使用步骤:

①选中需要延时行的上一行。

②选择"指令→延时指令→SLEEP"。

③编辑 SLEEP 后的延时毫秒数。

④点击操作栏中的"确定"按钮,完成延时指令的添加,如图 4-9 所示。

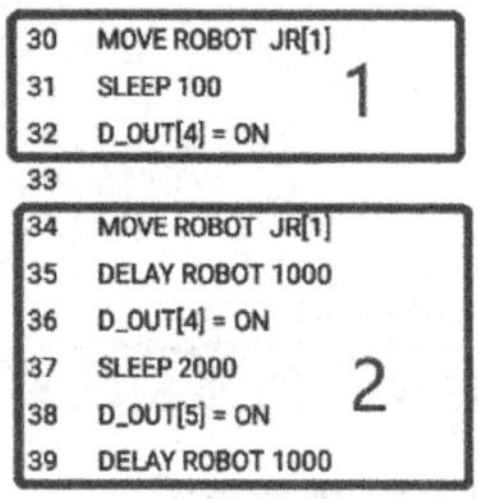

图 4-8 SLEEP 指令的应用

图 4-9 SLEEP 指令的添加

综上所述:SLEEP 指令只有对非运动指令生效,对于运动指令 SLEEP 无效。

三、IO 指令

IO 指令包括了 D_IN 指令(图 4-10)、D_OUT 指令(图 4-11)、WAIT 指令、WAITUNTIL 指令(图 4-12)及 PLUSE 指令,D_IN 指令、D_OUT 指令可用于给当前 IO 赋值为 ON 或者 OFF,也可用于在 D_IN 和 D_OUT 之间传值;WAIT 指令用于阻塞等待一个指定 IO 信号,可选 D_IN 和 D_OUT;WAITUNTIL 指令用于等待 IO 信号,超过设定时限后退出等待;PLUSE 指令用于产生脉冲。IO 指令参数说明见表 4-1。

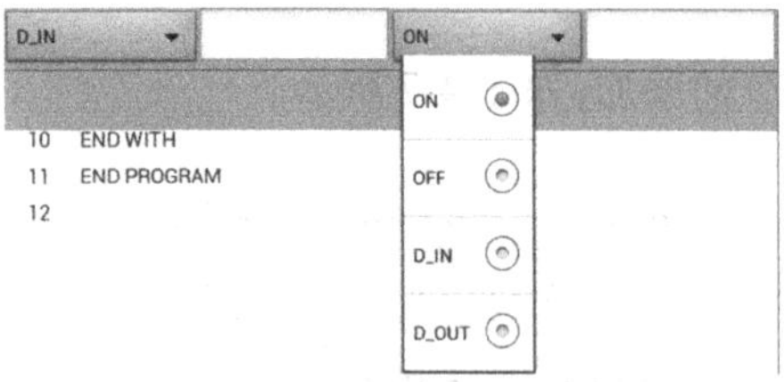

图 4-10 D_IN 指令

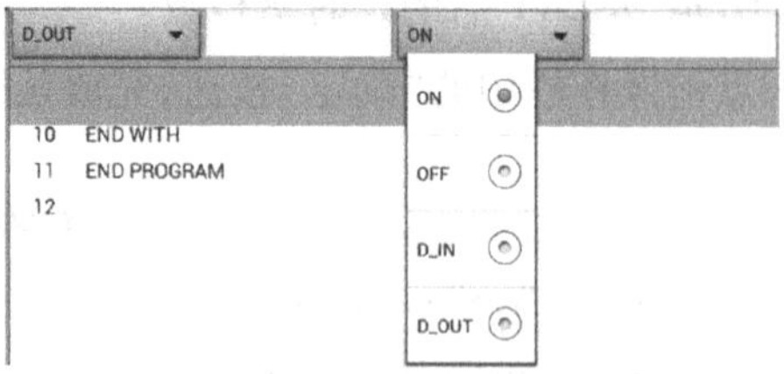

图 4-11 D_OUT 指令

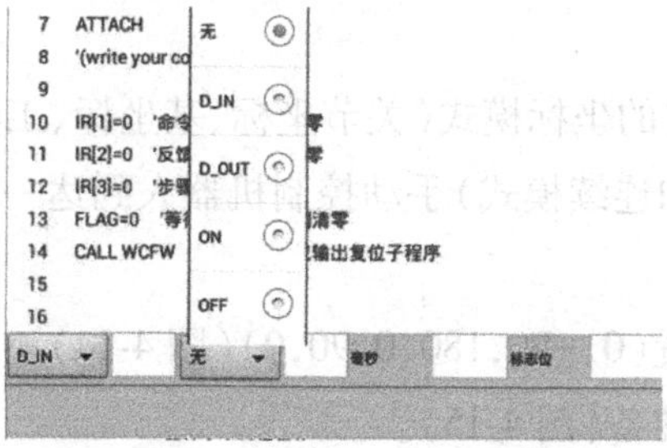

图 4-12　WAITUNTIL 指令输入

表 4-1　IO 指令参数说明

指令	参数说明
WAIT(IO,STATE)	IO 代表 D_IN、D_OUT,STATE 代表 ON、OFF
WAITUNTIL(IO,IO,MIL,FLAG)	IO 代表 D_IN、D_OUT,MIL 代表延时(单位为 ms),FLAG 表示等待信号是否成功
PLUSE(IO,STATE)	IO 代表 D_IN、D_OUT,STATE 代表 ON、OFF

IO 指令的使用示例如图 4-13 所示。

```
49  CALL WAIT(D_IN[2],ON)
50  MOVE ROBOT JR[1]
51  CALL WAITUNTIL(D_IN[4],ON,5000,A)
52  MOVES ROBOT LR[5]
53  DELAY ROBOT 100
54  CALL PULSE(5,3000)
```

图 4-13　IO 指令的使用

程序执行到第 49 行等待 D_IN[2]的状态为 ON 才往下执行,否则就一直等待,执行到第 51 行等待 D_IN[4]的状态为 ON,若在 5 000 ms 内条件成立了就继续往下执行,若在 5 000 ms 内都没有满足条件,便将 A 的值置为 1,同时继续向下执行,执行到第 54 行时机器人将发出 D_OUT[5]的脉冲(脉冲:简单来说就是状态为 0 和 1 交替出现),脉冲持续的时间为 3 000 ms,时间到后将不再发脉冲,D_OUT[5]的状态也会变回 0。

IO 指令的使用步骤:

①选中需要添加 D_IN 或者 D_OUT 行的上一行。

②选择"指令→IO 指令→D_IN 或者 D_OUT"。

③点击选择框选择 D_IN 或者 D_OUT,在第一个输入框中输入 IO 项。

④点击第二个选择框选择相应的 IO,如果选择了 D_IN 或者 D_OUT,则需要在对应输入框输入赋值的 IO 项。

⑤点击操作栏中的"确定"按钮完成 IO 指令的添加。

▶任务实施

一、任务规划

机器人码垛动作可分解成"从物料初始位置区取料""将物料从初始位置区搬动到目标区""到目标区放下物料"等一系列动作。机器人任务主要包括取物料、机器人搬动、放物料。

1.手动操作设置

示教任务时，需要在一定的坐标模式（关节坐标、基坐标、工具坐标、工件坐标）下，选择一定的运动模式（增量模式和连续模式）手动控制机器人到达一定的位置。

2.动作规划

（1）机器人回到原点位置（0，-90，180，0，90，0）（图 4-14）。

（2）机器人过度点姿态准备（图 4-15）。

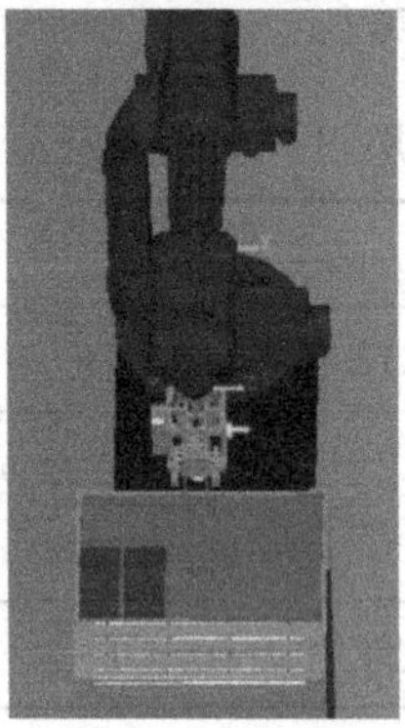

图 4-14　机器人原点位置

图 4-15　机器人过度点姿态准备

（3）机器人到达 A 区 1 号位上方。

（4）机器人到 1 号位吸取点。

（5）放置到 B 区 1 号位。

3.规划各个参考点

规划各个参考点见表 4-2。

表 4-2　机器人寄存器分配

抓取点（定点）	LR[101]	放置点 1	LR[120]	放置点 4	LR[123]
抓取点赋值	LR[1]	放置点 2	LR[121]	放置点 5	LR[124]
抓取高度赋值	LR[10]	放置点 3	LR[122]	放置点 6	LR[125]
抓取过度点	JR[2]	放置高度点	LR[128]		
放置过度点	JR[4]				

二、机器人编程示教

1.新建文件夹及码垛程序及子程序（图 4-16—图 4-18）

2.机器人初始化的输入

IR[1]=0

D_OUT[18]=OFF′

LR[1]=LR[101]

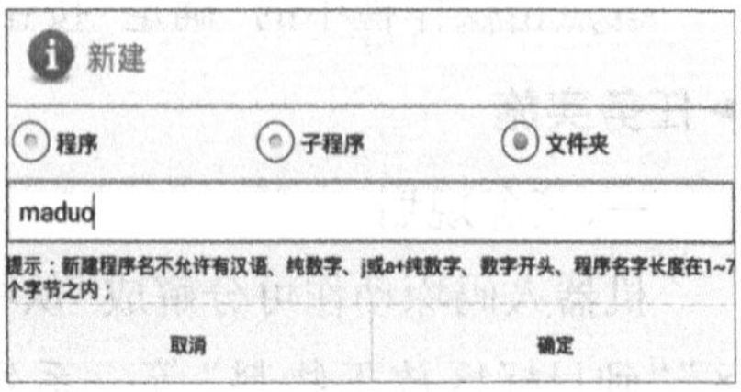

图 4-16　新建码垛程序文件夹

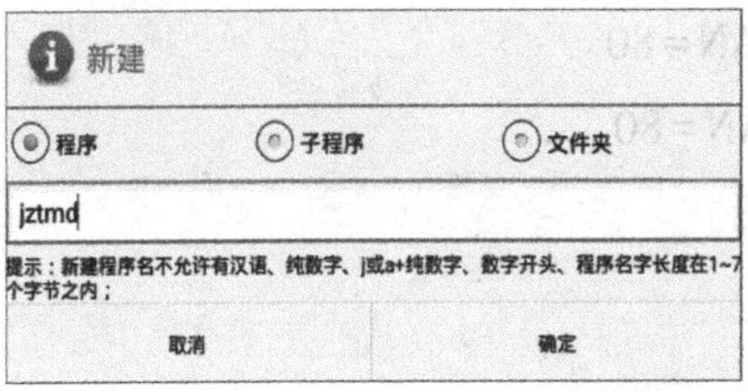

图 4-17　新建码垛金字塔主程序

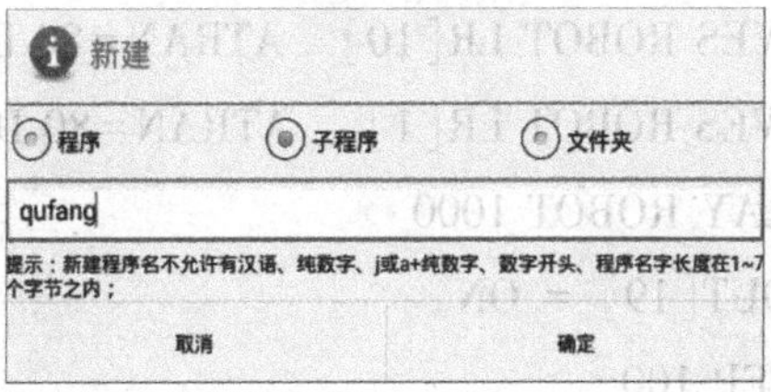

图 4-18　新建码垛金字塔子程序

LR[10]=LR[101]

LR[10]{3}=LR[101]{3}+200

3.机器人码垛程序输入

IF IR[1]<=2 THEN

LR[10]{1}= LR[101]{1}+65 * IR[1]

LR[10]=LR[1]

LR[10]{3}= LR[1]{3}+200

LR[128]=LR[IR[1]+120]′放置点赋值

LR[128]{3}=LR[128]{2}+100′放置安全点上方位置寄存器 z 方向赋值

CALL HTT

IR[1]=IR[1]+1

SLEEP 1000

END IF

IF IR[1]>2 AND IR[1]<=5 THEN

IR[2]=IR[1]-3

LR[1]=LR[101]

LR[1]{2}=LR[101]{2}+122

LR[1]{1}= LR[101]{1}+100 * IR[2]

LR[10]=LR[1]

LR[10]{3}= LR[1]{3}+200

LR[128]=LR[IR[1]+120]′放置点赋值

LR[128]{3}=LR[128]{3}+100′放置安全点上方位置寄存器 z 方向赋值

CALL HTT

IR[1]=IR[1]+1

SLEEP 1000

END IF

机器人取放子程序的输入

MOVE ROBOT　JR[2]　ACC=80 DEC=80

```
MOVES ROBOT LR[10]   ATRAN=80 DTRAN=80
MOVES ROBOT LR[1]    ATRAN=80 DTRAN=80
DELAY ROBOT 1000
D_OUT[19] = ON
SLEEP 100
MOVES ROBOT LR[10]      ATRAN=80 DTRAN=80
MOVE ROBOT   JR[1]      ACC=80 DEC=80
MOVE ROBOT   JR[4]      ACC=80 DEC=80
MOVES ROBOT LR[128]     ATRAN=80 DTRAN=80
MOVES LR[IR[1]+120]
DELAY ROBOT 1000
D_OUT[19] = OFF
DELAY ROBOT 1000
MOVES ROBOT LR[128]     ATRAN=80 DTRAN=80
MOVE ROBOT   JR[4]      ACC=80 DEC=80
MOVE ROBOT   JR[1]      ACC=80 DEC=80
```

▶任务评价

<table>
<tr><td>任务名称</td><td colspan="8"></td></tr>
<tr><td>姓名</td><td colspan="2"></td><td colspan="2">小组成员</td><td colspan="4"></td></tr>
<tr><td>指导教师</td><td></td><td>完成时间</td><td colspan="2"></td><td colspan="2">完成地点</td><td colspan="2"></td></tr>
<tr><td rowspan="2" colspan="2">评价内容</td><td colspan="3">自我评价</td><td colspan="4">教师评价</td></tr>
<tr><td>掌握</td><td>知道</td><td>再学</td><td>优</td><td>良</td><td>合格</td><td>不合格</td></tr>
<tr><td colspan="2">新建程序文件夹及程序</td><td></td><td></td><td></td><td></td><td></td><td></td><td></td></tr>
<tr><td colspan="2">SLEEP 与 DELAY 指令的使用方法</td><td></td><td></td><td></td><td></td><td></td><td></td><td></td></tr>
<tr><td colspan="2">IO 指令的输入方法</td><td></td><td></td><td></td><td></td><td></td><td></td><td></td></tr>
<tr><td colspan="2">程序的示教</td><td></td><td></td><td></td><td></td><td></td><td></td><td></td></tr>
</table>

▶任务拓展

如何防止信号提前发送

根据上面的 IO 指令知识可知，逻辑指令和运动指令是同时执行的，所以如果需要在程序中防止信号输出，应该加入 DELAY 指令，防止逻辑指令提前执行。如下例：

```
MOVE ROBOT P1
DELAY ROBOT 1000;
D_OUT[25]=ON
```

在运动指令 MOVE ROBOT P1 后面加上 DELAY ROBOT 1000 即可防止还没到达 P1 点时，D_OUT[25]就输出的情形。

任务三 工业机器人回字形码垛示教与编程

▶任务描述

将 6 块方形物料从 A 区按照标注顺序码垛到 B 区，盒子自身宽度为 55 mm，盒子的高度为 35 mm，按照事先设定地物料码垛顺序，形成回字形码垛。

▶相关知识

程序调用主要涉及程序跳转指令 GOTO、LABEL 和 CALL 指令。GOTO…LABEL：GOTO 指令主要用来跳转程序到指定标签位置（LABLE）处。要使用 GOTO 关键字，必须先在程序中定义 LABEL 标签，且 GOTO 与 LABEL 必须同处在一个程序块中（PROGRAM…END PROGRAM, SUB…END SUB, FUNCTION…ENDFUNCTION, ONEVENT…END ONEVENT）。

GOTO 指令和 LABEL 指令的使用步骤：

①选定需要添加指令的前一行。

②选择“指令→流程指令→GOTO”。

③编辑 LABEL 指令，如 GOTO LABEL1。

④点击“确认”按钮完成 GOTO 指令添加。

⑤在需要跳转的地方添加 LABEL 指令，更改 LABEL 名为 GOTO 相同的 LABEL，如 LABEL1。

⑥点击“确认”按钮完成 LABEL 指令添加。

注意：GOTO 指令和 LABEL 必须联合使用才能完成跳转。

GOTO…LABEL 指令的使用示例：

如图 4-19 所示，当 D_IN[1]为 ON 时，执行 GOTO 指令，此时程序会直接跳转到 LABEL1：处，然后执行后面的语句，即 D_IN[1]置为 ON，而不会执行“D_IN[1]=OFF”这一行。需要注意的是，请尽量避免使用 GOTO 语句。GOTO 语句会打乱整个程序的逻辑顺序，使得程序结构混乱，不容易理解，且容易出错。

```
IF D_IN[1]=ON THEN
GOTO LABEL1
END IF
D_IN[1] = OFF
LABEL1:
D_IN[1] = ON
```

图 4-19 GOTO 与 LABEL1 指令的应用

CALL：该指令的功能是调用由 SUB…END 的 SUB 关键字定义的子程序。在主程序（PRG 文件）中使用 CALL 关键字调用子程序，程序会切到子程序内执行子程序内的语句。

CALL 指令的使用步骤：

①选定需要添加指令的前一行。

②选择“指令→流程指令→CALL”。

③点击选择子程序按钮，对话框会列出所有的 lib 子程序，选择需要调用的子程序之

后，点击“确定”按钮。

④点击操作栏的“确定”按钮完成 CALL 指令调用。

CALL 指令的使用如图 4-20 所示。

图 4-20　CALL 指令的使用

CALL 程序调用的验证如图 4-21 所示。

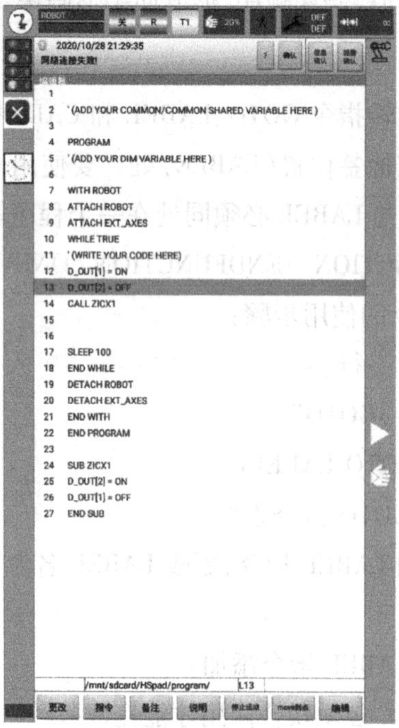

图 4-21　CALL 程序调用的验证

上述主程序运行时，先将 D_OUT[1]赋值为 ON，D_OUT[2]赋值为 OFF，然后程序进入子程序 ZICX1 中，将 D_OUT[1]赋值为 OFF，D_OUT[2]赋值为 ON，可通过观察机器人 IO 端口的输出状态验证程序的调用。

寄存器指令用于寄存器赋值更改等，寄存器包括浮点型的 R 寄存器、关节坐标类型的 JR 寄存器、笛卡尔类型的 LR 寄存器。其中，R 寄存器有 300 个可供用户使用，JR 与 LR 寄存器有 1 000 个。一般情况下，用户将预先设置的值赋给对应索引号的寄存器，如 R[0]=1，JR[0]=JR[1]，LR[0]=LR[1]，寄存器可以直接在程序中使用，程序示例见表 4-3。

表 4-3　寄存器程序示例

语句	解释说明
JR[0]={0,-90,180,0,90,0}	JR[0][0]指的是 JR 寄存器，索引[0]的第一个轴，即 0
R[1]=1	给浮点型寄存器 R[1]赋值为 1

续表

语句	解释说明
R[1]=R[2]	将浮点型寄存器 R[2]赋值给 R[1]
R[1]=R[1]+1	将浮点型寄存器 R[1]的值加 1 后再赋给 R[1]
R[1]=JR[0][0]	将关节坐标 JR[0]的第 1 关节轴数值赋给 R[1]
JR[1]=JR[2]	将关节坐标 JR[2]的第 6 关节数值赋给 JR[1]
JR[1]=JR[1]+JR[2]	将关节坐标 JR[2]和 JR[1]的第 6 关节数值相加后赋给 JR[1]
JR[1][1]=JR[1][R[1]] *2	将 JR[1]中 R[1]数值所代表的轴值 *2 后赋给 JR[1]的 2 关节轴

码垛顺序示意图如图 4-22 所示。

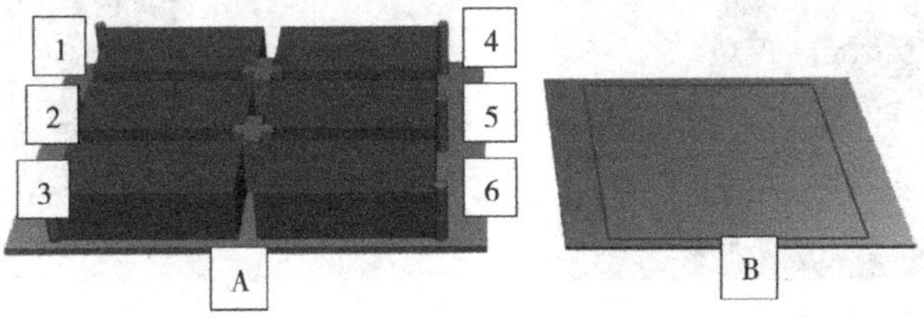

图 4-22　码垛顺序示意图

▶任务实施

一、码垛步骤

①在 A 区摆好物料并编号，规定好码垛顺序。

②机器人回到原点位置(0,-90,180,0,90,0)如图 4-23 所示。

③机器人过度点姿态准备，如图 4-24 所示。

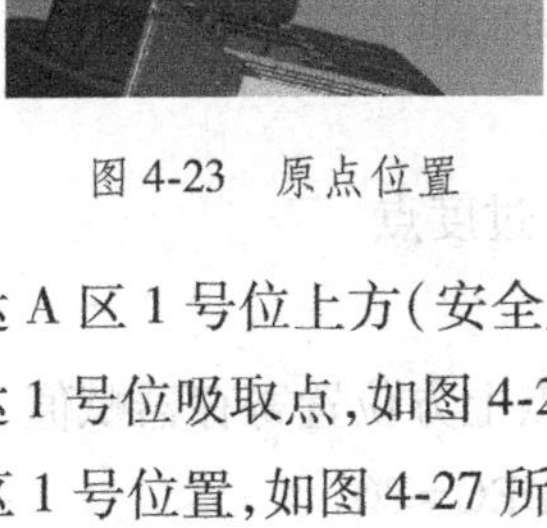

图 4-23　原点位置

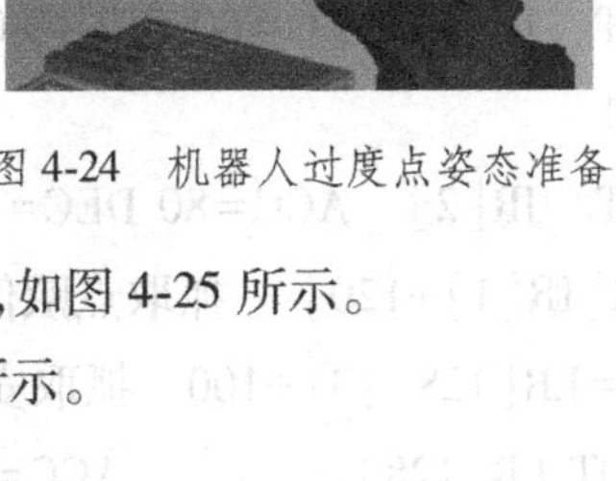

图 4-24　机器人过度点姿态准备

④机器人到达 A 区 1 号位上方(安全点)，如图 4-25 所示。

⑤机器人到达 1 号位吸取点，如图 4-26 所示。

⑥放置到 B 区 1 号位置，如图 4-27 所示。

⑦按照顺序依次将 2、3、4、5、6 号方块工件码垛到 B 区对应位置，最后形成回字形状，如图 4-28 所示。

图 4-25　机器人上方点

图 4-26　A 区拾取点

图 4-27　B 区放置点

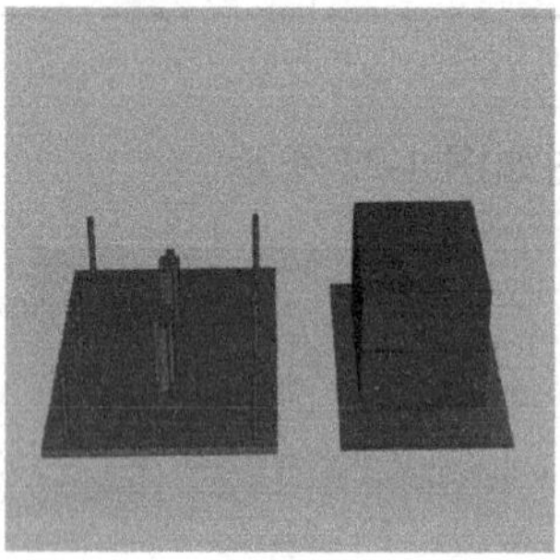

图 4-28　B 区码垛完成图

二、机器人点位设置

机器人点位设置见表 4-4。

表 4-4　机器人点位设置

抓取点 1	LR[120]	抓取点 4	LR[123]	放置点 1	LR[130]	放置点 4	LR[133]
抓取点 2	LR[121]	抓取点 5	LR[124]	放置点 2	LR[131]	放置点 5	LR[134]
抓取点 3	LR[122]	抓取点 6	LR[125]	放置点 3	LR[132]	放置点 6	LR[135]
抓取过度	JR[2]	放置过度	JR[3]	抓取高度	LR[128]	放置高度	LR[129]

码垛示例程序：

```
IR[1]=0 寄存器清零
MOVE ROBOT   JR[1] ACC=80 DEC=80   回原点
LBL[1]标签 1
MOVE ROBOT   JR[2]   ACC=80 DEC=80   过度点
LR[128]=LR[IR[1]+120]    抓取点赋值
LR[128]{3}=LR[128]{3}+100   抓取安全点上方位置寄存器赋值
MOVES ROBOT LR[128]             ACC=80 DEC=80
MOVES ROBOT LR[IR[1]+120]    ACC=80 DEC=80
D_OUT[18] = ON
```

```
MOVES ROBOT LR[128]          ACC=80 DEC=80
MOVE ROBOT JR[2]             ACC=80 DEC=80
MOVE ROBOT JR[1]             ACC=80 DEC=80  回原点
MOVE ROBOT JR[3] ACC=80 DEC=80
  LR[129]=LR[IR[1]+LR[130]
  LR[129]{3}=LR[128]{3}+100    放置安全点寄存器赋值
  MOVES ROBOT LR[129]          ACC=80 DEC=80
  MOVES ROBOT LR[IR[1]+121]ACC=80 DEC=80
  D_OUT[18] = OFF
  MOVES ROBOT LR[129] ACC=80 DEC=80
  MOVE ROBOT JR[2] ACC=80 DEC=80
  MOVE ROBOT JR[1] ACC=80 DEC=80      回原点
  IR[1]=IR[1]+1
  GOTO LBL[1]
```

▶任务评价

任务名称							
姓名		小组成员					
指导教师		完成时间		完成地点			
评价内容	自我评价			教师评价			
	掌握	知道	再学	优	良	合格	不合格
程序跳转指令的使用方法							
回字形码垛方法							
程序的示教							

▶任务拓展

由于程序重复执行的次数比较多，考虑的变量也较多，因此可以利用循环指令来优化或减少程序的步数，以下是循环语句的使用方法。

循环指令用于多次执行 WHILE 指令与 END WHILE 之间的程序行，WHILE TRUE 表示程序一直循环执行。

WHILE 循环指令的使用示例如图 4-29 所示。

```
IR[1]=0
IR[2]=10
WHILE IR[1]<=3
IR[2]=IR[2]+1
IR[1]=IR[1]+1
SLEEP 1000
END WHILE
```

图 4-29　WHILE 循环指令的使用示例

首先给 IR[1]赋初始值为 0，IR[2]赋初始值为 10，当执行到 WHILE IR[1]<=3 时，由于 IR[1]初始值为 0，满足小于等于 3 的条

件，因此进入循环体，IR[2]=IR[2]+1 是典型的自加算法，即每执行一次，自身的值都会增加 1，因此 IR[2]的值会由 10 变为 11，IR[1]也会自加 1，然后程序延时 1 000 ms（循环指令会完全占用 CPU，因此每个循环体都需要由 SLEEP 指令参与），执行完一次循环后程序会跳到循环条件再次判断是否满足条件，若满足再执行一次循环，因此上述程序总共会执行 4 次，最终跳出循环时 IR[1]的值为 4，IR[2]的值为 13。

WHILE 循环指令的使用步骤：

①选中需要添加循环行的上一行。

②选择"指令→循环指令→WHILE"。

③点击"选项"，此时可以增加、删除、修改条件，在记录该语句时会按照添加顺序依次连接条件列表。

④编辑 WHILE 指令完成后，点击操作栏中的"确定"按钮，完成 WHILE 指令的添加。

⑤选中循环截止位置。

⑥选择"指令→循环指令→END WHILE"。

⑦点击操作栏中的"确定"按钮，完成循环指令添加。

WHILE 语句的输入如图 4-30 所示。

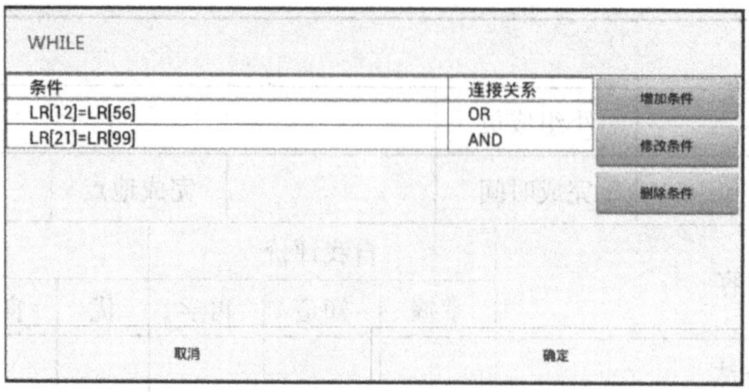

图 4-30　WHILE 语句的输入

注意：WHILE 指令和 END WHILE 指令必须联合使用才能完成一个循环体。

项目五　工业机器人机床上下料

▶项目描述

本项目要实现工业机器人从工作台上拾取工件将其搬运至模拟机床卡盘上，同时将已模拟加工完成的工件取下放置成品料仓处，根据上下料运动规划将程序分为主程序和子程序，通过主程序调用子程序完成上下料工作，其中主程序作为逻辑判断，搭建程序框架循环抓取工件，从而实现自动化上料；子程序作为运动程序，完成所有机器人动作执行。

▶学习目标

知识目标

掌握工业机器人自动化特点；

掌握 HSR-JR612 机器人操作与编程方法；

掌握 HSR-JR612 机器人寄存器指令编程方法。

技能目标

能够熟练使用 HSR-JR612 相关指令；

能够熟练应用输入/输出条件等待指令编制程序；

能够完成模拟机床上下料的示教。

任务一　工业机器人机床上下料基础

▶任务描述

通过本任务能够认识工业机器人机床上下料，知道工业机器人机床上下料模块的组成。

▶相关知识

一、上下料机器人的分类及特点

机器人自动上下料系统通过取代危险的人工操作，减少了工人接触危险设备和材料的风险，提高了工作安全性。上下料机器人属于一种工业机器人。上下料机器人能满足“快速/大批量加工节拍”“节省人力成本”“提高生产效率”等要求，成为越来越多工厂的理想选择。上下料机器人是非标机器人，适用于机床、生产线的上下料，工件移位翻转，工件转序等。该机器人系统具有高效率和高稳定性，结构简单更易于维护，可以满足不同种类产品的生产，对用户来说，可以很快进行产品结构的调整和扩大产能，并且可以大大降低产业工人的劳动强度。

上下料机器人的特点：

①可以实现对圆盘类、长轴类、不规则形状、金属板类等工件的自动上料/下料、工件翻转、工件转序等工作。

②不依靠机床的控制器进行控制，机械手采用独立的控制模块，不影响机床运转。

③刚性好，运行平稳，维护非常方便。

④可选：独立料仓设计，料仓独立自动控制。

⑤可选：独立流水线。

二、上下料机器人系统的组成及功能

上下料机器人系统主要由机器人、驱动装置、末端执行器、示教器和传感器组成。

①机器人是上下料机器人系统的主体部分，由若干驱动机构和支持部分组成。

②驱动装置是采用电动机驱动机器人到达指定位置的动力源。驱动装置目前有液动、气动和电动三种驱动方式。

③末端执行器又称末端工具，安装在第 6 轴法兰盘末端，担负抓取的任务。

三、机器人上下料的应用领域

上下料是一个重复性工作，并且要求确保上下料的一致性和准确性。因传统的人工上下料要面临劳动强度高、上下料准确精度差等问题，所以慢慢被机器人替代，如工业上下料机器人。工业上下料机器人由上下料机器人、数控机床、PLC 控制柜和输送线等组成，在实际应用中由加工机床辅以各种机床来完成上料和下料工作，可将机器人固定在机床内部和外部。工业上下料机器人常见的应用范围如下。

1.低压断路器检测

该机器人可应用于低压断路器检测上下料，能够自动检测、自动包装低压电气全系列产品。因为能够 24 h 无间断自动工作，所以基本上可以代替人工。

2.智能化药房药品发放

该机器人可应用于智能化药房药品发放平台，可根据 MES 下发指令根据药单发放药品。这不仅可以减少药房工作人员的烦琐工作量，还能提高发药效率和减少患者的等待时间。

3.防爆应用

现在导爆索的生产采取的还是人工加药的方式，不仅会降低生产效率、影响产品质量，而且在生产过程中会存在较大的安全隐患。而通过机器人可自动完成取、倒、放药盒，实现生产过程中的全程自动化。

四、工业机器人上下料优点

1.提高生产效率

工业机器人自动上下料系统具备高速度和高精度的特点，能够在短时间内完成大量重复的上下料任务，大大提高生产效率。

2.保证产品质量

工业机器人系统通过精确的定位和控制，能够确保工件的稳定性和一致性，减少人为因素对产品质量的影响。

▶任务实施

工业机器人上下料工作台由加工块、料盘、加工电机构成。

模拟机床上下料的环境如图 5-1 所示。

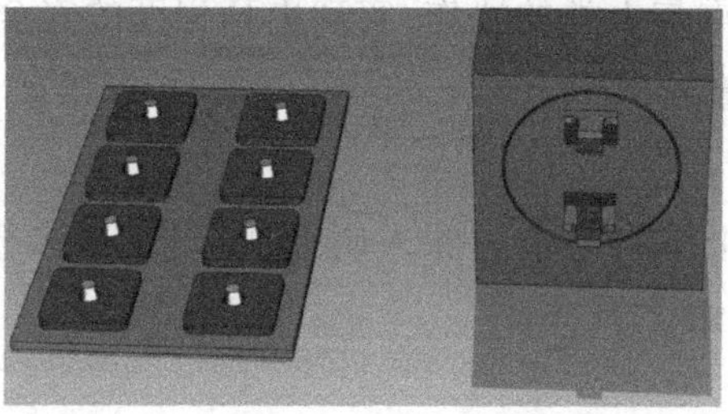

图 5-1　模拟机床上下料的环境

模拟机床上料任务流程如下：从上料处顺序取一块工件放至模拟机床卡盘上面装夹加工，此时工业机器人退回一个安全区域，然后启动旋转台旋转 90°（该过程是模拟机床加工过程，加工时间为 5 s）。然后模拟机床卡盘再旋转 90°回到初始位置，延时 2 s 后工业机器人去取出加工好的工件并放入成品区域，实现一个自动化上下料的工作流程，依次循环 8 次（加工 8 个工件）。

▶任务评价

任务名称							
姓名		小组成员					
指导教师		完成时间		完成地点			
评价内容	自我评价			教师评价			
	掌握	知道	再学	优	良	合格	不合格
工业机器人上下料的优点							
工业机器人工作中模拟上下料的组成							
模拟机床上料任务流程							
工装整洁，工位干净；遵守纪律，爱护设备；全程操作规范，符合安全文明生产要求							

▶任务拓展

工业机器人上下料未来发展趋势

工业机器人自动上下料系统的发展前景广阔，未来可能呈现以下趋势：

1.智能化升级

借助先进的传感器技术和人工智能算法，工业机器人系统将更加智能化，实现自主决策和学习能力，进一步提升其灵活性和适应性。

2.协作与安全性

工业机器人将更加注重与人类的协作，实现更高程度的安全性，例如感应到人员靠近时自动停止工作并避免碰撞。

3.行业特定化应用

随着不同行业对自动上下料需求的深入研究，将出现更多行业特定的适应性解决方案，满足不同行业的具体需求。

4.柔性化生产

工业机器人系统将具备更高的柔性化能力，能够根据不同产品和不同工艺要求进行智能调整和切换，进一步提高生产线的灵活性和效率。

工业机器人自动上下料系统以其高效率、高质量和安全性的特点，成为工业智能化进程中的重要里程碑。随着技术的不断进步和应用的深入，该系统必将在未来的生产制造领域得到更广泛的应用，为企业带来更多的价值和竞争优势。

任务二　模拟机床上下料流程分析

▶任务描述

在本任务中能够知道模拟机床上下料的流程，分析模拟机床上下料步骤从而为后续的编程示教奠定基础。

▶相关知识

一、模拟机床上下料流程分析

①使用寄存器指令建立上料区 8 块方形物料的坐标关系，机器人点位设置见表 5-1。

表 5-1　机器人点位设置

抓取点	P1	模拟机床接近	LR[10]	成品下料	LR[20]
抓取高度	P2	模拟机床放置	LR[11]	成品下料高度	计算得出
抓取过度	JR[2] JR[4]	成品下料过度	JR[3]	机器人原点	JR[1]

②使用标签或条件或循环指令建立逻辑框架。

③合理使用延时指令。IO 指令实现相关信号交互。

④使用全局变量定义机器人是否在安全位置启动。

二、机床上下料的电气设置

模拟机床上下料的 IO 连接（表 5-2）。

表 5-2　IO 连接

DO[18]	夹爪电磁阀
DO[19]	夹爪电磁阀
DO[20]	电机旋转

夹爪的使用如图 5-2 所示。

图 5-2　夹爪的使用

►任务实施

①在上料处放好工件并规定好抓取顺序。

②此时机器人处于原点姿态,如图 5-3 所示。

③机器人过度点姿态准备,如图 5-4 所示。

图 5-3　原点姿态

图 5-4　过度点姿态

④机器人到达上料区 1 号位上方(安全点),如图 5-5 所示。

⑤机器人到达上料区 1 号位抓取点位置,如图 5-6 所示。

⑥机器人姿态转换到达模拟机床上料过渡位置。

⑦机器人运动到达模拟机床卡盘外侧安全位置。

⑧机器人直线运动到达上料位置,先夹紧模拟机床卡盘再松开机器人夹爪保证上料位置固定,如图 5-7 所示。

⑨机器人直线退回到模拟机床卡盘外侧位置。

图 5-5　上料区 1 号位上方(安全点)

图 5-6　上料区 1 号位抓取点位置

⑩模拟机床卡盘带动工件旋转模拟加工 5 s 再旋转回取料位置,如图 5-8 所示。

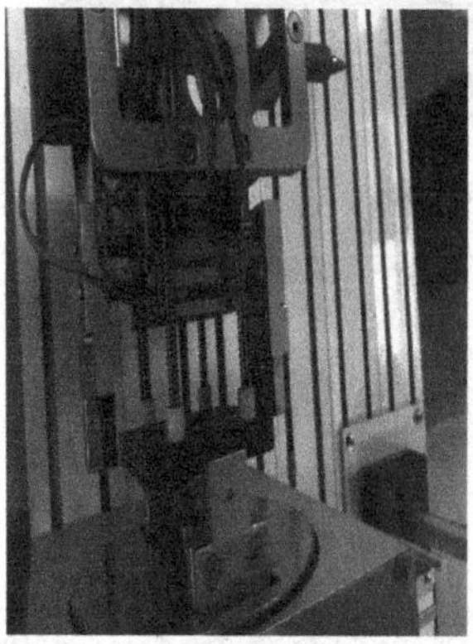

图 5-7　上料位置

图 5-8　模拟机床加工

⑪机器人直线运动到达取料位置,先夹紧机器人夹爪再松开模拟机床卡盘。

⑫机器人运动原路返回到达原点。

⑬机器人运动到达成品放置处过度点,如图 5-9 所示。

⑭机器人运动到达成品放置高度点,如图 5-10 所示。

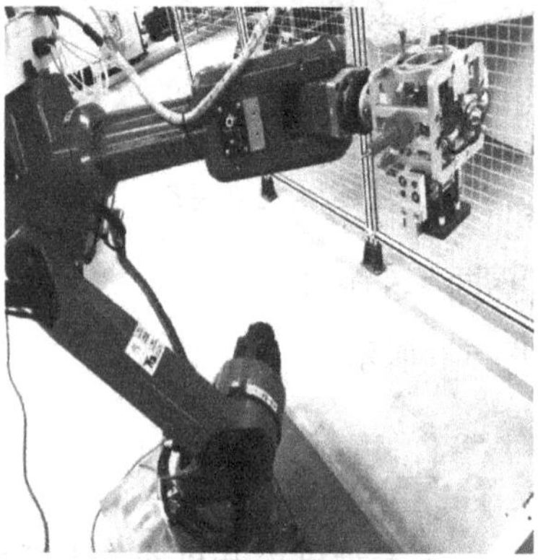

图 5-9　成品放置处过度点

图 5-10　成品放置高度点

⑮机器人直线运动到达成品放置点,并松开机器人夹爪,如图 5-11 所示。

图 5-11　成品放置点

⑯依次循环 8 次加工 8 个工件。

▶任务评价

<table>
<tr><td>任务名称</td><td colspan="8"></td></tr>
<tr><td>姓名</td><td></td><td>小组成员</td><td colspan="6"></td></tr>
<tr><td>指导教师</td><td></td><td>完成时间</td><td></td><td>完成地点</td><td colspan="4"></td></tr>
<tr><td rowspan="2">评价内容</td><td colspan="3">自我评价</td><td colspan="4">教师评价</td></tr>
<tr><td>掌握</td><td>知道</td><td>再学</td><td>优</td><td>良</td><td>合格</td><td>不合格</td></tr>
<tr><td>模拟机床上下料流程分析</td><td></td><td></td><td></td><td></td><td></td><td></td><td></td></tr>
<tr><td>模拟机床上下料的步骤</td><td></td><td></td><td></td><td></td><td></td><td></td><td></td></tr>
<tr><td>模拟机床上下料需要的电气设置</td><td></td><td></td><td></td><td></td><td></td><td></td><td></td></tr>
<tr><td>工装整洁,工位干净;遵守纪律</td><td></td><td></td><td></td><td></td><td></td><td></td><td></td></tr>
</table>

▶任务拓展

机器人与数控机床的连接方式

机器人与数控机床的连接方式主要有以下几种。

1.以夹具为介质的连接方式

这种连接方式通常使用机械手臂将加工件从一台机床上取下,然后运输到另一台加工机床上进行加工。这种方法的优点是快速高效,但因为需要使用机械手臂等辅助设备,所以成本较高。

2.以机器人工具换接器为介质的连接方式

机器人工具换接器是一种介质,可以将机械手上的工具换成数控机床需要的工具。这种连接方式的优点是灵活性高,可以自动换取不同的工具进行加工。但也存在一些缺点,比如加工效率较低,每次换取工具需要一定时间。

3.以数控机床接口为介质的连接方式

这种连接方式比较直接,可以通过数控机床的接口将机器人控制器与数控机床的数控系统连接起来。这种方式的优点是连接稳定,效率高,但需要保证连接口的兼容性和机器人的控制程序。

任务三　模拟机床上下料示教编程

▶任务描述

本任务将介绍模拟机床上下料示教编程。

▶相关知识

子程序相关指令如图 5-12 所示。

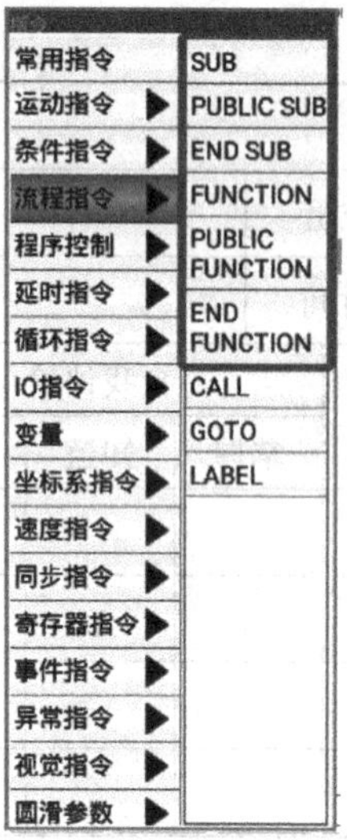

图 5-12　子程序相关指令

对于以上指令的相关含义见表 5-3。

表 5-3　指令及相关含义

指令	说明
SUB	写子程序,该子程序没有返回值,只能在本程序中调用
PUBLIC SUB	写子程序,该子程序没有返回值,只能在程序以外的其他地方被调用
END SUB	写子程序结束
FUNCTION	写子程序,该子程序有返回值,只能在本程序中调用
PUBLIC FUNCTION	写子程序,该子程序有返回值,只能在程序以外的其他地方被调用
END FUCTION	写子程序结束
CALL	调用子程序

值得注意的是:SUB、PUBLIC SUB、END SUB、FUNCTION、PUBLIC FUNCTION 和 END FUNCTION 必须联合使用,子程序位于两条指令之间。

▶任务实施

新建程序文件、主程序和子程序

编写等待程序

TEMP=0

CALL WAITUNTIL(D_OUT[10],ON,2000,TEMP)　内部变量关联输出 10 号为机器人原点位置

IF TEMP=1 THEN

THROW YDWZ

SLEEP 10

END IF

CALL WAIT(D_OUT[10],ON)

TEMP=0

根据程序要求初始化变量及 IO 口

IR[1]=0

D_OUT[18] = OFF 打开夹爪

D_OUT[19] = OFF 打开夹持

D_OUT[20] = OFF 电机关闭

P1=LR[1]

P2=LR[1]

P2{3} =P2{3} +200

WHILE TRUE　无限循环

IF IR[1]<=3 THEN

P1{1} =LR[1]{1} +100 * IR[1]

P2=P1

P2{3} =P1{3} +200

CALL HTT

IR[1]=IR[1]+1

SLEEP 1000

END IF

IF IR[1]>3 AND IR[1]<=7 THEN

IR[2]=IR[1]-4

```
P1=LR[1]
P1{2}=LR[1]{2}+150
P1{1}=P1{1}+100*IR[2]
P2=P1
P2{3}=P1{3}+200
CALL HTT
IR[1]=IR[1]+1
SLEEP 1000
END
IF IR[1]=8 THEN
CALL YD
SLEEP 1000
END IF

SLEEP 100
END WHILE
DETACH ROBOT
DETACH EXT_AXES
END WITH
END PROGRAM
```

上下料加工程序

```
SUB HTT
MOVE ROBOT  JR[2] ACC=80 DEC=80
MOVE ROBOT  JR[4] ACC=80 DEC=80
MOVES ROBOT  P2 ATRAN=80 DTRAN=80
MOVES ROBOT  P1 ATRAN=80 DTRAN=80
DELAY ROBOT 1000
D_OUT[20] = ON
SLEEP 100
MOVES ROBOT  P2 ATRAN=80 DTRAN=80
MOVE ROBOT  JR[1] ACC=80 DEC=80
MOVES ROBOT  LR[10] ATRAN=80 DTRAN=80
MOVES ROBOT  LR[11] ATRAN=80 DTRAN=80
DELAY ROBOT 1000
D_OUT[19] = ON
```

```
SLEEP 2000
D_OUT[20] = OFF
SLEEP 1000
MOVES ROBOT  LR[10] ATRAN=80 DTRAN=80
DELAY ROBOT 100
D_OUT[18] = ON
SLEEP 100
D_OUT[18] = OFF
SLEEP 3000
MOVES ROBOT  LR[11] ATRAN=80 DTRAN=80
DELAY ROBOT 1000
D_OUT[20] = ON
SLEEP 1000
D_OUT[19] = OFF
DELAY ROBOT 1000
MOVES ROBOT  LR[10] ATRAN=80 DTRAN=80
MOVE ROBOT  JR[1] ACC=80 DEC=80
MOVE ROBOT  JR[2] ACC=80 DEC=80
MOVE ROBOT  JR[3] ACC=80 DEC=80
MOVES ROBOT  LR[20]+#{0,0,150,0,0,0} ATRAN=80 DTRAN=80
MOVES ROBOT  LR[20] ATRAN=80 DTRAN=80
DELAY ROBOT 1000
D_OUT[20] = OFF
DELAY ROBOT 1000
MOVES ROBOT  LR[20]+#{0,0,150,0,0,0} ATRAN=80 DTRAN=80
MOVE ROBOT  JR[3] ACC=80 DEC=80
MOVE ROBOT  JR[1] ACC=80 DEC=80
END SUB

SUB YD
MOVE ROBOT  JR[1] ACC=80 DEC=80
END SUB
```

▶任务检测与评价

<table>
<tr><td>任务名称</td><td colspan="7"></td></tr>
<tr><td>姓名</td><td colspan="2"></td><td>小组成员</td><td colspan="4"></td></tr>
<tr><td>指导教师</td><td colspan="2"></td><td>完成时间</td><td colspan="2"></td><td>完成地点</td><td></td></tr>
<tr><td rowspan="2">评价内容</td><td colspan="3">自我评价</td><td colspan="4">教师评价</td></tr>
<tr><td>掌握</td><td>知道</td><td>再学</td><td>优</td><td>良</td><td>合格</td><td>不合格</td></tr>
<tr><td>模拟机床上下料主程序编写</td><td></td><td></td><td></td><td></td><td></td><td></td><td></td></tr>
<tr><td>模拟机床上下料回原点程序编写</td><td></td><td></td><td></td><td></td><td></td><td></td><td></td></tr>
<tr><td>模拟机床上下料 HTT 子程序编写</td><td></td><td></td><td></td><td></td><td></td><td></td><td></td></tr>
<tr><td>工装整洁，工位干净；遵守纪律</td><td></td><td></td><td></td><td></td><td></td><td></td><td></td></tr>
</table>

▶任务拓展

工业机器人机床上下料编程时的注意事项

①确保工业机器人上下料的程序安全可靠，避免发生意外事故。

②确保工业机器人在上下料过程中能够准确识别和定位物体，并进行正确地抓取和放置动作。

③考虑到物体的尺寸、重量和形状等因素，调整工业机器人的抓取力度和姿态。

④在编程过程中，考虑到工业机器人在上下料过程中可能遇到的不同情况，如物体堆叠、摆放不规则等，编写相应的处理逻辑。

⑤在工业机器人上下料过程中，要确保工业机器人和周围环境的安全，避免与其他设备或人员发生碰撞。

⑥对工业机器人上下料的程序进行充分测试和调试，确保程序的稳定性和可靠性。

⑦定期检查工业机器人的抓取工具和传感器等硬件设备，确保其正常运行，避免因设备故障导致上下料失败。

⑧针对不同类型的物体和生产环境，根据实际情况进行相应的参数调整和优化，提高工业机器人的上下料效率和准确性。